从"太阳能"到太阳"能"

——太阳能热水系统的效能与设计

主编　彭琛　郝斌

中国建筑工业出版社

图书在版编目（CIP）数据

从"太阳能"到太阳"能"——太阳能热水系统的效能与设计／
彭琛，郝斌主编. —北京：中国建筑工业出版社，2018.3
ISBN 978-7-112-21893-6

Ⅰ.①从… Ⅱ.①彭… ②郝… Ⅲ.①太阳能水加热器－热水供应
系统－设计 Ⅳ.①TK515

中国版本图书馆CIP数据核字（2018）第038866号

责任编辑：齐庆梅　吕　娜
书籍设计：锋尚设计
责任校对：焦　乐

从"太阳能"到太阳"能"
—— 太阳能热水系统的效能与设计
主编　彭琛　郝斌

＊
中国建筑工业出版社出版、发行（北京海淀三里河路9号）
各地新华书店、建筑书店经销
北京锋尚制版有限公司制版
北京市密东印刷有限公司印刷
＊
开本：787×1092毫米　1/16　印张：9¾　字数：223千字
2018年3月第一版　2018年3月第一次印刷
定价：42.00元
ISBN 978 - 7 - 112 - 21893 - 6
　　　（31799）

本 书 作 者

主　　编：彭　琛　郝　斌

编 写 组：王珊珊　陈希琳　郭嘉羽　陆元元　刘　珊
　　　　　李　骏　徐　蒙　黄俊鹏　陈讲运　李　琳
　　　　　薛梦华　刘红维　罗　多　李穆然　李　娜

主编单位：住房城乡建设部科技发展促进中心
　　　　　深圳市建筑科学研究院股份有限公司
　　　　　中国建筑节能协会太阳能建筑应用专业委员会

参编单位：北京四季沐歌太阳能技术集团有限公司
　　　　　国际铜业协会 IMISA 国际金属太阳能产业联盟
　　　　　山东力诺瑞特新能源有限公司
　　　　　珠海兴业新能源科技有限公司
　　　　　兴悦能（北京）能源科技有限公司

序

从本书作者开始调查研究，直到写作和反复修订最终成稿这一全过程，我一直在关注。这一调查研究、总结写作的过程大概有五年时间了吧？

我国太阳能热水器产业发展于20世纪90年代初期。当时没有太多的政策支持，完全靠市场需求刺激，从无到有，蓬勃发展。尽管发展中还曾受到各种限制、阻碍（曾经有地方政府或社区物业不允许太阳能热水器安装的规定），到21世纪初，我国在役的热水器总量已经超过5000万 m^2，中国成为全球太阳能热水器安装量第一的大国。我国太阳能真空管产品成为此领域全球技术领先的拳头产品，市场还培养出一批出色的太阳能热水器企业。在20世纪90年代初，中国城市居民仅有不到5%的家庭有生活热水供应，而到了20世纪末，80%以上的城市家庭已经用上了热水。尽管太阳能热水器在其中承担的比例并不高，但恰恰是太阳能热水器第一个走入城市家庭，建立了居家需要有生活热水的概念，使居民生活水平有了一个普遍的提升。太阳能热水器还进入了农村家庭。48年前我在内蒙古农村插队时，村里人洗一次热水澡是不可想象的奢侈。而现在家家户户却用上了太阳能热水器，每天可以使用热水啦！太阳能热水器的发展对推动我国农民的生活方式向现代化发展起了多么大的作用！

然而，也就是在2013年，恰好是本书相关工作开始的那一年，我国的太阳能热水产业从连续二十年的持续增长突然出现减产，全行业产量产值下滑。而这正是全国从上到下关注节能减排，支持和推广可再生能源，从中央到地方的各级政府先后出台多项支持可再生能源（包括太阳能热利用）政策的时间。这到底怎么了？是支持力度不够？是宏观经济下滑？（2013年我国GDP增长7.7%，经济形势良好）还是太阳能热水器市场饱和？（2013年我国新建建筑竣工面积第一次超过20亿 m^2）。一位我国最著名的太阳能热利用企业的老板曾对我说，"我们只好下乡，走农村包围城市的道路了"，这又是出于什么原因？本书通过大量的实际案例调查，从技术、标准、政策全方位对这一现象进行了深入和全面的剖析，说明了这一现象的真实的和深层次的原因。

首先有技术上的原因。二十年推广成功的是一家一户的分散式太阳能热水系统。在城市对几十户上百户居民合住的公寓式新建项目全面推广，想到的自然就是集中式太阳能热水系统。集中式可以是以前分散式的简单扩展吗？当改为集中式时，系统的性质会出现哪些质的变化？应该如何应对？

其次就是技术标准和评价标准的问题。一家一户的太阳能热水器追求的是"保证率"，也就是全年有多少天可以满足生活要求的热水供应而不需要常规燃料辅助加热。当转为多家共用的集中式太阳能热水系统后，还应该取"保证率"这样的评价标准吗？生活热水制备的供与末端使用者需求的求之间的矛盾发生了什么转变？而这一矛盾的变化又会怎样影响太阳能热水系统的实际性质？由此需要这一系统进行哪些根本的变化？

本书作者在全国范围内测试了从北到南的很多居民住宅用集中式太阳能热水系统，发现这些系统无一例外地都消耗大量常规能源，相当一部分项目所消耗的常规能源（电或天然气）竟然高于使用分散的燃气热水器或电热热水器时的能耗，这又是怎么回事？要使集中式太阳能热水器真正发挥其替代化石能源，节能减排低碳的作用，系统形式应该做怎样的调整？

2006年开始，中央和各地方政府陆续出台了一批鼓励支持太阳能热水器的政策，包括一些规定新建商品房必须安装太阳能热水器的强制性政策。这些政策的出台改变了太阳能热水器购买方的购买动机，由此就进一步改变了太阳能热水器市场对太阳能热水系统的市场需求和评价标准。再加上前面提及的技术标准与评价标准的失准，就使得市场需求的变化驱动了整个产业的变化，逐渐出现了动荡、变化和劣币驱逐良币的现象，最终导致整个市场的衰退。

这本书清楚地向读者揭示了在我国实实在在发生的上述过程。尽管其顺序与上述描述略有不同，但可以从书中理出这样的脉络。这一实际发生的现象向我们清楚地展示了技术评价标准、政策推广机制对一个新兴技术的重要性。尽管全部是出于好心，是从内心就非常积极支持的态度，但如果缺乏深入的科学的认识，就有可能好心办坏事。当然，更重要的原因是缺乏深入细致的技术研究工作，没有把握好集中式与原来广泛成功的分散式的区别，在尚未找到满足集中式需求特点的系统形式与技术时，就开始大面积推广。这些经验和教训都值得总结、借鉴。不仅对今后的太阳能事业，也对更多的性质相近的领域有重要的参考价值。

作者做出上述的研究、分析、判断绝非是坐在办公室里就可进行的，而是几年的时间深入到大量工程实际中，通过采访、测试、计算和分析而得到，是从大量工程案例中分析总结出来的结果，更是坚持实事求是，打破迷信，坚信"实践是检验真理的唯一标准"的研究方法才得到的成果。这种从实际出发、从事实出发的科学态度值得我们从事应用科学和相关政策研究的工作者们学习。

作者不是单单地揭示和分析如上现象，更重要的是为如何解决这一问题提出了系统的解决方案。一定要使太阳能热水系统在居住建筑中得以持续发展，使太阳能热水系统继续为城乡居民带来福音，成为我国制备居民生活热水的主导能源。作者从技术路线、技术评价标准、相关的政策机制等各方面提出了完整的技术和政策机制体系，规划了未来太阳能热水系统的发展路径。作者清楚地指出太阳能热水系统的成功与否关键不是集热器，而是系统形式；集中式太阳能热水系统必须解决两个问题：①怎样使末端用户阀门一开就有热水而又不造成循环水管的大量热损失；②怎样在任何时候都满足用户热水需求而又不造成过度依靠辅助热源而弃掉太阳能热量。作者根据目前评价方法的问题提出应从系统消耗的常规能源量来评价太阳能热水系统，而不是太阳能热水系统的保证率或能效。作者指出目前政策机制中的问题，设计规划了怎样充分利用市场机制、调动各方积极性、推动太阳能热水事业良性发展的政策模式。书中所提出的这些真知灼见，都建立在对实际现象的深入调查、充分理解、科学分析和实践检验的基础上，相信对我国太阳能热水行业的整顿、提高、进一步发展、壮大，有重要意义。

降低碳排放，缓解气候变化，已经成为我国的基本国策。要实现巴黎议定书中控制全球温升不超过 2℃的目标，我国需要把目前的每年超过 100 亿 t 二氧化碳排放总量降低到每年 30～35 亿 t，这就要彻底改变我国的能源结构，由以煤、油、气为主的化石能源结构改变到以太阳能、风能、水力能、生物质能等可再生能源和核能等零碳能源为主的低碳能源结构。这就是中央多次提出的"能源的供给侧和消费侧的革命"。太阳能热水系统是这一革命中的重要角色。中国人目前人均用热水量仅为每人每天 30L，远低于发达国家每人每天 100L 的水平。但即使这样，13 亿人如果都采用天然气制备生活热水，则每天需要 0.4 亿 t 热水，需要 1.2 亿 m³ 天然气加热。这样全国生活热水加热每年就需要 400 亿 m³ 天然气。这大致是我国目前每年天然气产量的三分之一。全面用太阳能热水系统提供热水，每年至少可以省掉 300 亿 m³ 天然气。这对改善我国目前"缺气"的状况有多么大的意义！用太阳能使全国人民真的在任何时候都可以用上热水，对全国人民都进入小康，又有多大的意义！我们盼望太阳能热水系统在我国的全面成功推广，盼望这一天的早日到来。

于清华园节能楼

2018 年 1 月 21 日

虽然不知道宇宙大爆炸究竟是怎么回事，但太阳是我们每个人所必须依赖的。这是一个小孩子都懂的道理，虽然他们自己就是八九点钟的"太阳"。太阳能也就顺理成章地成了我们所最追求的绿色能源。

幸运的是，在我从事几年建筑节能工作后，有机会在 2006 年开始接触太阳能。一开始遇到的问题是"什么样的指标能够很好地描述太阳能热水系统？"在诸多前辈的指导下，开始了解太阳能保证率等要素指标。学习一段时间后，两个问题一直困扰着我，一个是太阳能保证率与太阳能建筑一体化的关系；另一个是太阳能保证率的来历，solar fraction 为什么翻译为太阳能保证率？

参观了近百项实际太阳能热水工程后，在深入学习的基础上，我试着自己回答上述的问题。

回答第一个问题"太阳能保证率与太阳能建筑一体化的关系"，要从 2016 年国家提出建筑的八字方针说起。"适用、经济、美观、绿色"是同样甚至更加恰当、准确地适合于太阳能建筑热水系统。"适用"是根据用户的真实用热水习惯因地制宜，而不是主观臆测或引用过时的数据；"经济"是太阳能热水应该更加物美价廉；"美观"是说如何与建筑一体化，说白了，无外乎就是颜值与才华的关系吧；"绿色"则是将太阳能融入我们的生活方式。

回答第二个问题"太阳能保证率的来历"，熟读了不同标准中的说法与解释后，想到了太阳能保证率设计值与实际值的异同，更想到了为什么检测的太阳能保证率很多在 80% 以上、甚至在 100%，而用户的热水价格却 20 元 /t、甚至 40~50 元 /t 甚至 310 元 /t？

事实上，直接用电加热 1t 热水、温升 40℃ 的话，大约耗电 46kWh，以北京电价为例，相当于 22 元左右。为什么用了太阳能还是这个价格甚至更贵呢？这就是我们最初的思考和想解决的问题，从而有了写这本书的动力。所以将研究对象锁定在住宅太阳能热水系统，而且主要针对常见的集中集热分散辅热和集中集热集中辅热两种系统形式。

当逐个项目检测后，我们或多或少还是有些意外；当顺藤摸瓜找到丝丝线索时，我们或多或少有些欣喜。编写过程中，由于问题从实践中来，我们发现很难按照常规的设计、运行、检测、评价的顺序写，为了方便读者的阅读理解，本书按照检测、评价、设计的倒叙方式逐步展开。

当然，由于居民用热水的习惯是根本需求，将影响整个的链条，我们首先在前面章节讨论了用热水需求的"质"与"量"的问题。热水负荷的大小和准 M 形曲线，与太阳能供给的 V 形曲线在日与季上的差异，对太阳能系统产生根本的影响。

其次，以太阳能热水系统"两进两出"能量平衡为理论基础，提出了辅助能源消耗量、用户实际用热量、系统散热量的检测与计算方法，由"跟踪太阳能"变为"追踪常规能源"为主，由短期检测向长期监测（全年模拟）转变，完善了反映太阳能生活热水项目全年效果的检测方法。

进一步，以评价系统实际运行能耗为导向，提出了系统热损比、太阳能有效利用率、吨热水成本等能够唯一刻画太阳能热水系统使用效果的指标体系，从而客观反映系统中辅助能源真实消耗水平和太阳能的实际利用情况。

虽然我们没有能够对设计方法、参数取值等问题进行深入的探讨与推敲，但我们还是希望能够从检测方法与评价指标的剖析中，洞察到系统设计的要点。太阳能热水系统作为工程应用，可靠性的保证应由常规能源担当，降低系统热损比、提高太阳能有效利用率是关键。这也就回答了开始说的第二个问题，太阳能保证率（solar fraction）的翻译，fraction 主要的含义是"一部分、比例"，其实我隐隐能体会在开始推广太阳能热水系统时前辈们的用心良苦，今天是不是能与时俱进，赋予其客观的意义呢！

从酝酿到完成本书的四年时间里，我们得到了前辈的悉心指导，得到了同行的鼓励，得到了专家学者的肯定，更得到了很多太阳能企业家的鼎力支持与无私帮助。我们坚信"逆淘汰"在太阳能行业即便发生也只是暂时，也愈发有理由相信从太阳能到太阳"能"（from solar energy to solar can），是完全可能的。

本书的出版得到了"十三五"国家重点研发计划项目"可再生能源绿色建筑领域应用效果研究"（2016YFC0700104）与住房城乡建设部科学计划项目"住宅太阳能生活热水系统运行问题及节能技术"（2015-K1-003）的支持。

2017 年 12 月 30 日

目 录

如果您只有五分钟……

太阳能热水系统是与建筑相结合的可再生能源利用形式中能源利用效率最高、与建筑实际需求结合紧密的一种技术形式。相比于太阳能光伏技术，光热水转化的能量利用效率更高。系统将热量以热水的形式供应到建筑中，直接满足生活热水的需求，避免了能量多次转化，且又与建筑用能需求密切相结合，具有良好的匹配性。同时，生活热水供应是居民生活水平提高的一个重要标志。发达国家生活热水用能占到居住建筑用能的 30% 以上。未来要发展低碳能源系统，需大幅度提高可再生能源的比例。其中，太阳能热水是迄今为止最有效最成熟的太阳能利用方式。从技术发展潜力和当前水平来看，太阳能热水系统应该是一项值得大力推广的可再生能源利用技术。

然而，从实际市场调查来看，在国家政策大力支持、各地出台强制性政策的情况下，太阳能热水系统，尤其是集中式太阳能热水系统，市场认可程度却在降低，从用户到开发商都表达出明显的否定态度，非常不利于太阳能热水系统的应用发展。究其原因，水价高、用水体验差、运维成本高，甚至出现了仅为申请补贴租赁太阳能热水系统设备的市场怪象，诸多原因造成用户、开发商、企业多方均不满意的局面。

由上述问题出发，本书主要针对居住建筑太阳能热水系统，从集中式太阳能热水系统的"水""热"属性入手，对太阳能热水系统整体性能进行评价，明确以实际常规能源消耗为主要控制指标，重视系统投资和运行的节能与经济效益。太阳能热水系统利用，尤其要重视系统运行节能和经济性，在满足用户用热水舒适和便捷要求的基础上，大幅降低运行能源成本，使得用户和运营方都能从中获得明显的经济效益，才能够保证该项技术得到市场认可，才有可能持续发展下去。

（1）太阳能热水系统的"水"属性——热水的"量"与"质"

根据本书居民生活热水使用情况调研结果，在热水的"量"方面，设计用水量与实际用水量差异大。调查发现居民实际用水量为 20～40L/d，远低于《建筑给水排水设计规范》GB 50015 的日用水定额 60～100L/d。若设计用水量远高于实际用水量，则集中式热水系统的集中优势无法体现，却在沿程管道上耗损大量的热量，造成低效运行、亏损运营；另一方面，热水的"质"有待提高，包括适宜的供水时间和供水温度。调研发现居民用水呈现 M 形双高峰现象，如图 1 所示，即早高峰与晚高峰。在水温和水量上保障早晨和夜间的用水高峰需求，降低常规能源消耗量，也是集中式热水系统设计要完善与改进的地方。

（2）太阳能热水系统的"热"属性——能量平衡法

太阳能热水系统通常由太阳能集热器、贮热水箱、辅助能源加热设备、控制系统、水泵和连接管道等设备组成。从进出系统能量平衡的角度看，能量输入包括集热系统得热量和辅助能源加热量两项，能量输出包括末端用户实际用热量和系统散热量两项，由此系统热量

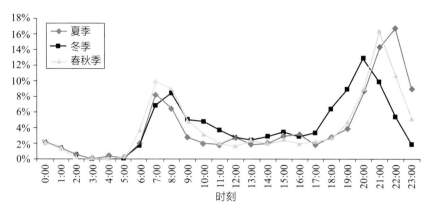

图 1 居民不同季节热水使用时间分布图（监测）

可以表达为"两进两出"能量平衡关系，即：

集热系统得热量＋辅助能源加热量＝用户用热量＋系统散热量

其中，集热系统得热量主要由集热面积、集热效率、太阳辐照量和安装角度等因素决定，集热面积越大、效率越高和辐照量越大，则集热系统得热量越大；辅助能源加热量是系统为维持供热水温度而提供的，用户用热量或系统散热量增加，会使得辅助能源加热量需求增加用户用热量由用户所使用的热水用量及冷热水温差决定；系统散热量包括管网散热和贮热水箱散热，受热水温度与环境温度的温差、管网规模与保温性能以及热水在管网中循环时间等因素影响，温差增大、规模增大、保温性能变差、循环时间变长等都将使得系统散热量增加。

（3）太阳能热水系统整体性能评价与检测

根据太阳能热水系统实际工程检测发现，如表 1 所示，太阳能保证率处于 40%～100% 的系统，实际性能存在较大差别，并非太阳能保证率越高，系统能源利用效果越好。反映出太阳能保证率作为单一评价指标时的局限性，对运行效果、系统形式的合理性等无法做出准确判断。

工程数据测试表 　　　　　　　　　　　　　　　　　　　　　　　　　表 1

项目	太阳能保证率	太阳能有效利用率	常规能源有效替代率	系统热损比
案例一	100%	6.2%	18%	2.77
案例二	89%	21%	19%	0.70
案例三	79.1%	32%	25%	0.54
案例四	60%	24.56%	33.92%	1.04
案例五	40%	−17.62%	−4.98%	0.33

因此，本书根据能量平衡法，提出太阳能热水系统评价优化指标。从现有以太阳能为主导向转变为以减少辅助能源为导向，采用多指标唯一刻画系统性能：包括系统热损比、太阳能有效利用率、吨热水成本等指标。评价方法对比如表 2 所示。优化原则如下：

①用户用热量是系统需要保障的对象；

②减少辅助能源加热量是利用太阳能制备热水的核心目的；

③增加太阳能集热量是减少辅助能源加热量的措施；

④系统散热量影响着系统实际节能的效果。

评价方法对比表　　　　　　　　　　表 2

优化评价指标	现有评价指标
以常规能源为主导向	以太阳能为主导向
常规能源有效替代率	太阳能保证率
太阳能有效利用率	
系统热损比	集热系统效率
	储热水箱热损因数
吨热水能耗	费效比

　　根据系统优化评价指标，相应的检测思路也发生了变化：从现有追踪太阳能、主要关注集热侧转变为追踪常规能源、主要关注用热侧，同时从现有短期检测为主转变为长期监测（全年模拟）为主。首先，考虑到不同系统的特点，需根据工程实际情况制定检测方案；其次，将重点由原来仅检测集热系统得热量转变为检测"整个系统"热量状况；再次，优化检测方法将更关注长期监测数据（全年模拟），更接近实际地反映系统运行中的"热"性能和能耗水平。检测方法对比如表 3 所示。

检测方法对比表　　　　　　　　　　表 3

优化检测方法			现有检测方法		
检测项目	途径	仪器	检测项目	途径	仪器
集热系统得热量	软件模拟能量平衡法	—	集热系统得热量	现场检测	总辐射表 热量表 温度计 流量计
辅助能源加热量	现场检测	功率计	—	—	—
	计量数据（优先）	电表/燃气表	—	—	—
用户用热量	调查数据		—	—	—
	计量数据（优先）	水表	—	—	—
系统散热量	模拟计算	—	水箱散热	现场检测	流量计 温度计

（4）对太阳能热水系统设计的启示

太阳能热水系统首先是一种提供热水的系统。热水系统的设计通常以满足用户用热需求为出发点，在考虑经济性和节能的要求下，尽可能减少常规能源消耗。其并非是以利用太阳能制备热水为目的，而是通过利用太阳能减少常规能源消耗为目的。在用户用热水需热量基本确定的情况下，随着系统集热量增加，所需要的辅助能源加热量和实际利用太阳能热量关系如图 2 所示。其中，辅助能源加热量是影响系统运行经济性的重要因素，太阳能集热量与实际利用太阳能热量之间的关系是初投资效益的体现。

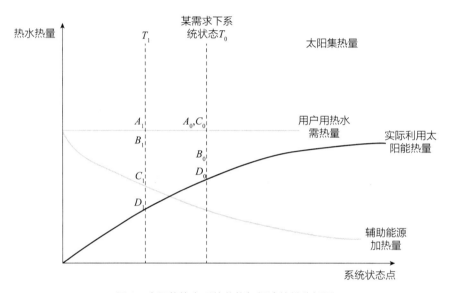

图 2　太阳能热水系统节能与经济效益分析图

由此可知，为实现节能和经济效益，一方面，应该尽可能提高实际利用太阳能热量曲线斜率，使其与太阳能集热量尽可能迫近；另一方面，应加快辅助能源加热量曲线下降的趋势，尽量减少系统散热。因此，设计过程中应重视以下三个方面：

第一，重视系统散热量。系统散热损失是影响太阳能热水系统性能的重要因数，一方面需要提高水箱和管路等各处的保温性能以减少散热损失；另一方面，系统散热主要发生在水箱和循环管路，减少非必需的热水循环，也是减少散热损失的重要途径。

第二，合理选择系统形式。结合用热需求，考虑集中与分散度，以辅助能源加热量最小和太阳能有效利用率最高为条件，优化辅热位置、集热面积、管路布置、水箱设置，并且充分考虑运行方式，最终确定系统形式。

第三，控制吨热水成本，包括初投资成本和运营成本。初投资成本受集热器面积、水箱容积、管路长度及保温性能等因素影响，其中集热器成本在系统中占重要比例；运营成本主要由常规能源费用以及运行维护人员成本构成，良好的控制策略是减少运营成本的保障。

第 1 章

生活热水需求与
供给现状

1.1 生活热水需求与发展目标认识

"在古今这两次巨大发展变化中，人类都突然间意气风发，像神仙般行事了，但却还不大意识到他们作为人类的潜在局限性和弱点，或者说还不大意识到他们的活动常常随意给他们自身的神性蒙上了神经质和犯罪的性质。"

——Lewis Mumford，《城市发展史》

在人们日常生活中，热水常常用于洗澡，也有一些用于洗涤衣物或厨具。人们对热水需求主要源于舒适性和清洁的要求。从发展的历程来看，热水量需求经历了从无到有，从少到多，从多到"精"的过程。一方面，舒适性要求随着生活水平的提高而不断提高，在生活热水方面表现为，从洗澡偶尔用热水，到每次洗澡都用热水；从仅洗澡用热水，到洗衣、洗菜以及其他各种洗涤都用热水；同时，洗澡的频率和每次洗澡时间长度增加，用热水量也呈现增长的趋势。另一方面，对热水制备的需求也在提高，从用时才制备，到为了能够随时用上热水而时刻准备着热水，并对水温进行精确地控制。为给热水需求提供保障，生活热水制备与供应技术不断进步。

归纳来看，热水的需求可以表现为"量"和"质"两个方面，如图1-1所示。"量"的需求包括热水使用频率和用途，以及每次用热水量；"质"表现为热水的温度控制以及供应热水的响应时间。在相同热水制备技术下，随着热水需求"量"的增加，所需要的能量也将增加；在提高热水"质"的过程中，为减少响应时间，

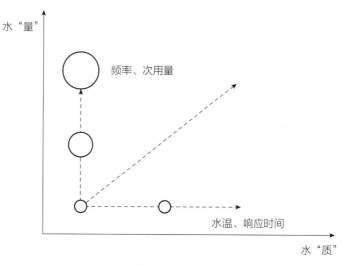

图1-1 生活热水的"量"和"质"需求

全天热水不断循环，使得供应热水的能源消耗增加。

区分热水需求影响因素，有助于分析热水需求构成与发展趋势。对于个体而言，生活热水的需求量受多方面因素的影响，如图1-2所示。气候、水资源、生理、心理、经济和技术因素共同影响着热水需求。这些因素对需求的影响分别作用于热水的"量"和"质"上面。气候和水资源因素是影响热水需求"量"的客观条件，技术因素是影响热水需求"量"和"质"的客观条件，生理、心理和经济因素是同时影响着"量"与"质"的主观条件。热水需求的个体差异性较大，由于气候条件、水资源分布、技术手段与文化习俗差异，不同地区、不同群体的人们热水需求水平不同。例如，在气候寒冷的地区，洗澡时基本都使用热水，而在炎热地区，常温水即可满足人们需求；在德国早晨洗澡的比例明显高于我国，而我

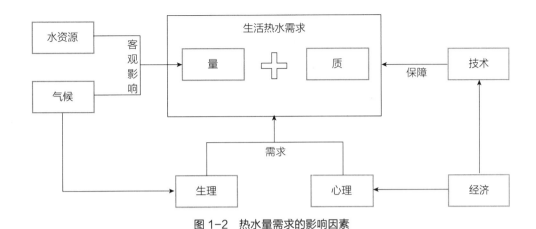

图 1-2　热水量需求的影响因素

国早晨洗澡的比例也呈逐年上升的趋势。

在一定气候和水资源条件下，热水量需求也会因人而异；经济和技术水平提高，对于人们热水需求的"量"与"质"提升都有"促进"作用。心理因素是热水"质"需求的主要驱动因素，这既与经济因素有关，又与文化习俗和个人观念相关。技术条件，如热水器类型、可选的控制策略一方面保障热水需求，另一方面又会约束热水供应的"量"和"质"。

在展开对生活热水技术讨论前，本书首先明确的是关于热水需求与技术发展的几项基本问题：

①热水的"量"与"质"需求，在某个阶段是否存在合理值？

②制备热水需消耗能源，当消耗不可再生资源时，是否应该提高效率、适度消耗自然资源，将持续发展目标作为技术应用和需求引导的出发点？

③技术是应该不断满足人们的需求，还是在一定的系统观念下，保持对需求的科学认识？

对于第一个问题，从"生态文明"建设的理念出发，人与自然应该是和谐共处的关系。一方面，当从自然获取资源、对自然产生影响时应该有限度，热水的用水量和用热量，以及为提高"质"而增加消耗的附加热量，对自然的水资源和能源产生了影响，过多的"量"和过度的"质"需求，不符合人与自然和谐共处的基本理念。另一方面，人对热水的过度依赖，并不意味着提高人们对自然环境的适应能力，某种程度上反而可能降低人的适应能力，譬如"温室培育小草"，这种改变是潜移默化而难以逆转的，也深刻地影响着人类群体的发展前途。因而，对于热水的"量"和"质"需求，应有所引导，避免消费刺激需求过度造成的人与自然不平衡。

对于第二个问题，从持续发展的目标看，能源消耗应基于高效利用。在一定的发展阶段，能源供应技术所能够解决的能源供应问题存在阶段性，不能期望没有出现的技术能够保证能源取用不竭。热水制备需要消耗大量的能源，现有的热水制备技术，绝大部分还需要化石能源来保障。据测算，2014 年生活热水商品能耗约 2427 万 tce，占城镇居民能耗比例的13%。如果进一步增加热水需求，热水能耗量还有显著的增长空间。从我国能源供应能力看，热水需求的增加带来能耗的增长不可忽视。

对于第三个问题，技术研究者看到问题往往是考虑如何通过改良或创新技术，来满足人们的用能需求，较少的会从需求是否合理的角度思考问题。正如 Lewis Mumford 先生在《城市发展史》一书中指出的那样，在当代技术快速发展，无节制地满足人们的各类需求，实际有可能使得人类进一步脱离自然，对自然过度攫取而变得为自然所不容。从现有的技术发展路线来看，技术评价的好坏在于是否更好地满足人们的需求，而未有从考量需求的角度评价技术是否合理。以热水技术为例，技术研究者更多地考虑了如何满足使用者的需求，而使用者更关心热水的价格，而不是热水来源于太阳能还是电力。为减少制备热水消耗的化石能源以及对环境的影响，太阳能制备热水技术得以广泛应用，其居民使用时实际产生的节能效果以及工程中的评价、检测与设计问题，将在本书中展开讨论。

1.2 居民生活热水用能情况研究

1.2.1 我国居民生活热水能耗研究

城市居民家庭主要使用电、燃气或太阳能制备热水，楼栋或小区集中使用的热水系统除了使用上述类型能源外，有的还会利用城市热网、地源／水源热量等类型能源供热。统计生活热水用电、燃气或煤等商品能源（不含太阳能），2000 年以来我国城镇居民生活热水能耗增长了近 5 倍，如图 1-3 所示。宏观热水能耗总量的增长，与人均生活热水用量增加有直接的关系。

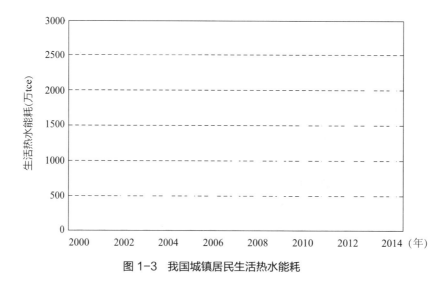

图 1-3 我国城镇居民生活热水能耗

由于气候条件、经济水平和资源条件等客观因素差异，各地区的生活热水用能有所差异。中国环境与发展国际合作委员会于 2008～2009 年组织一批研究机构开展了"中国城市能耗状况与节能政策研究"，该项目对国内 7 个城市进行了居民消费领域的能耗调查，住宅能耗作为调查的重要方面。该项目通过调查居民各类能源消耗、制备热水设备和洗澡频率、时长等，推算得到各城市单位面积的生活热水能耗如表 1-1 所示，由此可得各城市的平均生活热水用能水平在 1.5 kgce/（m² · a）。当年，调查生活热水用能特点主要包括：

①电、燃气与太阳能是三类最主要的洗澡用生活热水制备能源，其中电的比重最大；

②采用紧凑式太阳能热水器的家庭，其居住能耗低于使用电、燃气等方式的家庭；

③在二线城市（如武汉、银川、温州等），居民家庭生活热水能耗比例较高，因而在洗澡方式与能耗的分析中，可以明显观察到正相关结论：热耗越高的人群，燃气热水的比例越高；电耗越高的人群，电热水的比例也越高。在北京、上海等一线城市，生活热水能耗比例低，与居住总能耗相关关系不明显。

不同城市住宅单位面积平均生活热水能耗　　　　　　　表 1-1

平均生活热水能耗	北京	沈阳	银川	上海	武汉	温州	苏州
单位：kgce/（m² · a）	0.5	1.0	2.1	0.4	1.5	1.5	1.2

该项调查为分析生活热水能耗水平提供了大量的数据，然而，按照单位面积统计住宅生活热水能耗强度，不能科学反应热水需求——生活热水用量由使用者热水使用频率、单次用热水量所决定，跟建筑面积没有直接关系。按照单位面积统计生活热水能耗，将会由于居住面积增大而得到较低的热水能耗强度，不能客观反映生活热水需求发展趋势。因此，生活热水能耗强度，宜按人均或户均量进行统计。

现有的统计和调查数据，能够基本反映我国当前生活热水能耗水平，这是开展热水系统节能研究的基础。随着生活水平提高，热水量需求将继续增长，热水制备技术也将进一步发展，未来生活热水能耗将受热水使用方式和技术共同影响。

1.2.2　中外居民生活热水能耗比较

比较中国、美国、日本和意大利居民生活热水能耗，折算到每户平均，如图 1-4 所示。可以看出，我国户均生活热水能耗约 60kgce/a，而美国户均生活热水能耗约 900kgce/a，呈 10 倍以上的热水能耗差距；日本的户均能耗也接近 500kgce/a，是我国居民生活热水能耗的 8 倍左右。当前，我国城镇居民生活热水已经广泛普及，淋浴热水器的拥有率已超过 91%，是什么原因造成这样大的热水能耗差异？

调查发现，中外居民在生活热水使用范围、洗澡方式和热水系统形式等方面有着明显的不同。我国居民家庭中热水绝大部分用于洗澡，洗澡以淋浴方式为主，极少使用盆浴，热水量需求较少；家庭即热式电热水器或者燃气热水器还有非常大的市场，集中式热水系统所占比例较小，热水热量损失较小。在日本家庭中，盆浴非常普及；在意大利家庭中，通常采用热水洗衣；美国独栋别墅的住宅形式比例大大高于其他国家，且家庭生活热水量需求较大，家庭中通常采用户式集中热水系统，同时配有较大的贮热水箱。由于热水量需求差异较

图1-4 各国居民生活热水能耗比较（2010年）

大，热水制备过程中能源消耗或损失亦较大，使得中外居民生活热水能耗差异显著。

比较发达国家生活热水能耗情况，如果未来我国城镇居民家庭热水能耗强度达到美国水平，仅热水能耗一项就将超过当前我国城镇住宅能耗总量，在可预期的能源资源储备量和能源利用技术条件下，很难支持这样的热水能耗增长。因此，应借鉴发达国家居民生活热水技术与使用的经验，反思存在的问题，合理引导生活热水使用和技术的发展。

1.2.3 居民生活热水能耗影响因素分析

通过对调查数据分析，即使处在同一个城市同一栋建筑中，居民家庭生活热水能耗也会呈现较大的差异，生活热水的需求量以及制备热水的系统形式，是造成家庭热水能耗不同的主要原因。热水量需求越大，需要制备热水的能量越多；系统形式决定着实际有效使用一份热量所需要的能量，既包括制备热水效率，也包括热水系统循环过程中的热量损失因素。

（1）生活热水量需求

生活热水量需求主要受使用范围、频率和单次需求量等因素的影响。我国居民家庭中生活热水绝大部分用于洗澡，也有少量用于餐具洗涤或衣物洗涤。现有的热水制备系统中，不管是局部式还是集中式，在用户侧很少有安装用水量和能源消耗量的计量装置，因此，关于热水水量及需热量往往通过调查相关参数计算获得。当前关于生活热水用量调查主要关注洗澡用热水，洗澡热水用量可以根据下面的公式计算：

洗澡用热水量 = 洗澡的频率 × 单次洗澡热水用量

在现有的研究中，洗澡频率通常按照每周次数进行调查，并区分不同季节；由于很难直接获得每次洗澡热水用量，往往调查每次洗澡的用水时长，以及热水器喷头的流量，以此来作为测算每次洗澡热水用量的依据。在分析热水量需求时，热水温度也是一项重要参数。尽管在加热时贮热水箱水温常常设置在50～60℃，实际用户洗澡时的出水温度在40℃左右。

热水需热量应该等于：

$$热水需热量 = 用热水量 × （实际用热水温度 - 被加热水温度）$$

现有一些研究从居民用水习惯调查分析生活热水用量特点。例如，国家住宅与居住环境工程技术研究中心，对全国不同地区 268 户局部热水供应住户和 13 个集中热水供应的小区进行了居民生活热水使用情况调查，发现：①采用局部热水供应设备的居民中，45.5% 的人每天用热水，用水量在 1.5～39L，大部分人并没有每天洗热水澡；②调查采用集中热水系统的居民，热水价格对居民用热水量有明显的影响。也有调查显示，夏季每日洗澡的居民户数是冬季的近 2 倍；无论冬季还是夏季，每日洗澡的居民比例未超过 45%。这些研究为分析热水量需求及需求特点提供了参考。

（2）热水供应技术

生活热水供应是将水温升高并输送到用户端的过程，而不仅仅是将常温水加热的过程。在这个过程中，需要考虑加热、储存和输送三个环节的热量转化与损失问题。制备热水的能耗与这三个环节中的效率和损失有着直接的关系。系统的类型以及系统的运行控制策略，将影响各个环节的性能。例如，对于局部即式热水器，没有储存的环节，热水输送损失也较小；对于全天供热水的集中热水系统，热水在循环输送过程中的热量损失可能占到从热源处获得热量的大部分。

在加热时，水吸收升温的热量与热源提供的热量的比例（设为 η），反应加热过程的效率，η 越接近 1，加热效率越高。热源有很多种（例如燃气、煤、电和太阳能等），不同热源品位不同，不同热源之间加热效率的比较需考虑品位的差异。例如，电热水器的加热效率可以在 95% 以上，燃气热水器的加热效率通常也可以在 80% 以上，然而考虑燃气发电的效率，电热水器实际一次能源加热效率低于燃气热水器。此外，太阳能属于可再生资源，燃气或煤属于不可再生资源，在考察系统节能性能时，应更关注化石能源的消耗量，而不是考察获得的太阳能总量。

在储存时，由于热水与环境存在温度差，热水将不断有热量损失（设为 $Q_{p.t}$）。这个损失与贮水箱的保温性能（设为 k）、外表面积（设为 A_t）和内外温差（设为 ΔT）有关，且是时间（设为 t）的积分量，即储存时的热损失量 $Q_{p.t} = \int_t kA_t F \Delta T$。通过提高贮水箱的保温性能，可以减少储存热水的热量损失；水箱内水温跟热源提供的热量、水箱进出口水的控制策略以及水箱内水质控制要求有关，通常在 60℃，水箱外温差由所在环境决定。因此，这个环节的节能关键在于提高贮水箱的保温性能。

在输送时，由于热水与环境存在温差，不断有热量损失，而水的流动加大了热水与管壁的换热系数。同时，热水输送也会有水泵配电耗。对于集中式系统，这部分损失是不可避免的，随着系统规模增大，输送距离和时间延长都会使得热水的热量损失增大。这与贮水箱里的热量损失不同，在水管中的热水通常是流动的，管道的保温性能同样是影响输送热损失的重要因素。考虑不同类型系统与控制策略，热水输送的作用可以分为两类：①直接供应末端热水使用需求；②为保证随时的热水需求，即前面提到的对"质"的需求，在管网中循环。保障热水使用需求的输送是必要的，这部分热量损失难以避免，提高管道的保温性能，以及减少贮水箱到末端用户的距离，是减少这部分热量损失的重要途径；对于后者，因尽可能结合居民使用热水的习惯，以节能为前提要求，通过优化控制策略尽量保证供热水品质需要，而不是简单的全天 24 小时连续运行。

对于生活热水的节能指标，最终考核的是每人实际用热水所消耗的不可再生能源量，这直接由每人的热水量需求，以及热水供应技术提供居民实际使用的 1t 热水所消耗的不可再生能源消耗量所决定。

1.3 生活热水系统形式与特点

1.3.1 热水系统分类

当前对于生活热水系统的分类，主要从给水排水系统形式出发，而对能源供应方式考虑很少。以《民用建筑太阳能热水系统应用技术规范》GB 50364 为例，对于集中式与分散式系统的定义分为集中、集中 – 分散与分散三类，其定义如下：

2.0.10 集中供热水系统 collective hot water supply system
采用集中的太阳能集热器和集中的贮水箱供给一幢或几幢建筑物所需热水的系统。

2.0.11 集中 – 分散供热水系统 collective-individual hot water supply system
采用集中的太阳能集热器和分散的贮水箱供给一幢建筑物所需热水的系统

2.0.12 分散供热水系统 individual hot water supply system
采用分散的太阳能集热器和分散的贮水箱供给各个用户所需热水的小型系统。

从定义来看，不同系统是依据太阳能集热器和贮水箱的集中与分散形式进行分类的。实际太阳能系统，除了太阳能集热器外，通常配有辅助热源，以保障太阳能不够时的用热需求，即工程的可靠性（也许这就是"solar fraction"译为"太阳能保证率"的原因）。辅助热源的位置通常有两种：一种是在集中贮水箱处，保证集中贮水箱的温度满足供热水需求；另一种是在用户末端用热处，由用户根据水温决定是否辅助加热。同样，对于太阳能以外的热水系统，如燃气热水系统、各类热泵热水系统，也有类似热源位置差异。

总结而言，生活热水系统除了有"水"系统的特点，还应该有"热"系统的属性。因此，仅从供水和用水形式出发，不能准确科学地对生活热水系统进行分类。随着技术的进步，供应热水的形式越来越丰富。应综合考虑生活热水的热量来源、加热形式、辅热位置、供水形式与控制方式，区分不同类型热水系统。

从热量来源看，当前主要包括电、燃气、液化石油气、太阳能或空气 / 地源 / 水源热等类型；在农村地区还有部分家庭用煤烧制热水，在城镇居民家庭中已经很少使用。比较常见的如家庭用电热水器、燃气热水器，在南方天然气较少的地区，有一部分家庭采用液化石油气制备热水。在节能减排的发展需求下，太阳能热水器，以及各类热泵热水器得到快速发展，这些利用可再生能源的热水系统，一定程度上缓解了对常规能源的需求，得到了相关政策支持。由于太阳辐射量属于非人为可控因素，绝大部分太阳能热水系统，并非以太阳能作为唯一的热源，而是配合电或者燃气作为保障热源。

从系统形式与控制方式看，有以户为单位制备热水的分散系统（包括户式集中系统），也有以楼栋为单位的集中热水系统，甚至以一定区域范围的建筑为对象供应热水的区域系统。分散热水系统便于根据各自需求控制调节，在城乡居民家庭中广泛使用；集中供应热水系统便于统一运行管理，且有一定市场效益，在当前以多层或高层为主的城镇住宅中，集中热水有越来越多的应用。

结合热源类型和辅热位置形式，可以将现有常见的生活热水系统形式归纳如表 1-2 所示：

热水系统分类及常见能源形式　　　　　　　　　　　　表 1-2

	分户式	集中集热分散辅热式	集中集热集中辅热式
电	√	√	
燃气	√	√	√
液化石油气	√		
空气 / 水 / 地源			√
太阳能	√	√	√
其他			√

注：1. 表中"√"表示当前居民家庭中较为常见。
　　2. 太阳能热水系统通常与电、燃气等常规能源配合使用，很少有单独以太阳能为唯一热源的系统。
　　3. 其他类型热源，如煤、工业余热或电厂余热等，常见于区域集中供应热水的系统。

其中，集中集热分散辅热式与集中集热集中辅热式，都是由统一的热水供应管路向用户提供热水，有集中集热的装置。不同的是，前者在各个用户处采用电或燃气辅助加热，以保证热水温度满足用户需求；后者则是将加热设施集中设置，可以是单一热源（如燃气热水锅炉），也可以是多种热源形式（如太阳能＋燃气辅助加热）。比较而言，集中式系统便于集中利用可再生能源或低品位热源；直接用电加热一次能源效率较低，很少在集中系统中使用。分散式设备可以随用户的需求而安装，运行方式由用户自由控制，在当前居民家庭应用较多。

相比而言，太阳能热水器无论是分户式还是集中式都需要配以辅助热源，以保障热水供应，在系统特点上与其他类型热水器有着明显的差异。当然，关于太阳能与辅助热源的"主从"关系，依靠谁去进行工程可靠性的保证，在后续章节我们会进一步深入讨论。

1.3.2 节将从系统形式角度，对各种形式系统的特点进行分析讨论。

1.3.2　不同形式系统的特点与应用

不同形式的系统在可利用的能源形式、控制方式、可支持的用户用热水方式方面都有差异。下面从系统形式、能源类型、辅热位置、系统控制方式、用户使用方式，以及保障程度等角度分析。

（1）分户式热水系统

分户式热水系统安装方便、经济可靠，在城乡居民中都有较为广泛的应用。由于电力覆盖了全部城镇以及绝大部分农村地区，分户式电热水器有最广泛的应用范围；在燃气热水器方面，选择天然气还是液化石油气作为热源，主要由该地区能源供应结构所决定，中小城镇或农村地区，较多用液化石油气作为热源；分户式太阳能热水系统应用与建筑楼层数量有着密切的关系，太阳能热水系统通常需要辅助热源以保障热水供应能力。

分户式电热水器和分户式燃气热水器比较常见，在应用时各有优缺点。通常而言，燃气式热水器具有即开即热、体积小（无须贮水箱）、价格低廉和提供热水水量不受限制等优点；然而也存在有安全隐患、污染空气等问题，燃气热水器一般需要安装在离气源近的厨房内，而主要用水点在卫生间，水路安装较复杂，在热水器开启一段时间内需直接排放出一定量的冷水等问题。而电热水器通常具有安全、有电路的地方就可以安装、局限性影响小等优点，对于加热功率较小的储水式热水器有体积庞大、安装不便，内胆长期高温浸泡易漏水，预热时间长，加热缓慢，热水量有限等问题；而即热式电热水器存在工作期间功率很高，电流很大，必须改造电路，安装费用高，冬天水温偏低等问题。

（2）集中集热分散辅热式热水系统

集中集热分散辅热式系统，主要应用于城镇多层或高层住宅。集中集热可利用电、燃气、可再生能源（太阳能、地源/水源）或废热为系统提供基础需热量，同时有贮热水箱将集中获得的热量储存起来。通过集中控制的热水管路，将热水送到各个用户处。在用户末端，配有以电或燃气作为热源的辅助加热设备，用于保证用热水温。相比于分户式系统，由于可以集中地利用能源，通常被认为有较好的节能效果。同时，集中供热水系统，热水储备量考虑居民用水标准及系统所承担的居民数量设计，通常大大多于一户用热水需求，解决了分户式系统常见的热水量不足的问题。从运行看，集中式系统通常都需要热水系统运行维护团队，保障系统正常运行，解决用户在用热水时出现的故障，而用户在使用热水时，也需要缴纳一定的费用以支持运维团队运转，当出现效率较低或者运行管理不善等问题时，热水费用甚至可能高于分户式系统。

（3）集中集热集中辅热式热水系统

集中集热集中辅热式系统主要应用于对热水"质"有较高需求，而各用户端不安装或不满足条件安装辅助加热装置的多层或高层住宅，以及一些高档酒店、医院等场所。从热量供应方式看，集中集热集中辅热式系统不存在末端辅热装置。集中辅热热源通常是化石能源，如果以可再生能源或者废热作为热源，也一定会配置集中辅热装置，保证系统供应水温和水量满足用户要求。该类系统从安装上看，主要优点在于末端没有辅助加热装置，末端热水装置安装较方便。对于住宅楼而言，由于用户用热水时段不同，系统需全天连续运行，管路损失的热量以及循环泵能耗都较大。

1.3.3　太阳能热水系统

太阳能热水系统是利用太阳能集热器收集太阳辐射能，并为用户制备和提供热水的系统。由于太阳辐射能密度较小、不稳定且非人工可控，无论系统规模大小，太阳能热水系统通常都配有贮热水箱。为了保证其提供热水水量和温度可靠性，通常还配有辅助加热装置，利用可靠的能源（如电、天然气等）保障系统的供水温度。因此，常见的太阳能热水系统通常包括了太阳能集热器、贮水箱、辅助加热装置、供回水管路及水泵等部分。

自 20 世纪 90 年代以来，太阳能热水系统快速发展，在现有的太阳能利用技术中太阳能热水技术是发展最成熟、商业化程度最高的技术。2014 年，我国太阳能集热器保有量达到 4.14 亿 m^2，人均太阳能集热器面积约 $0.3m^2$。由此可见，太阳能热水系统在我国有着十分广泛的应用。

按照系统供应和加热方式来看，太阳能热水系统已涵盖了分户式、集中集热式系统类型，其中集中集热式又包括集中集热分散辅热式太阳能热水系统和集中集热集中辅热式太阳能热水系统。

分户式太阳能热水器是最先发展起来的太阳能热水系统，在广大农村和中小城镇中有着广泛应用。由于是分户使用，比较适应于独栋或多层住宅建筑，有足够的屋顶面积可供安装集热器；不需要专门的运行维护人员，经济性较好。从这类系统的技术特点分析，农村建筑多为独栋住宅，有较好的安装条件；在使用方面，农民生活方式可以灵活地根据太阳能热水温度选择使用热水时间。

集中集热的太阳能热水系统，通常应用在学校宿舍、浴室、工厂职工宿舍，以及城镇住宅楼等。在城镇住宅楼中，集中集热式系统可以多户共用集热器，由于热水使用需求出现的时间不同，需热峰值不等于各户的峰值叠加，共用集热器可以减少住宅楼总共需要的集热面积，同时也避免了由于屋顶共有产生的使用权利问题。为了便于控制管理和经济性原因，集中辅热式系统较多地应用于前两者中；为了更好地满足不同使用者的需求，住宅楼宜采用分散辅热式系统，然而住宅楼中还存在大量集中辅热式系统，运行效果较差。集中集热系统通常配置专门的运行管理人员，进行系统维护与管理，同时也会收取一定的费用。

从理论上看，由于收集了太阳能制备热水，太阳能热水系统的能耗强度要低于其他类型热水系统。然而，现实的问题是，在实际运行过程中，太阳能热水系统的能耗并不一定比其他类型热水系统能耗低。影响热水系统能耗的因素，包括热水量需求以及热水供应（加热、存储和输送）技术。由于系统设计、运行管理等方面的问题，所采集的太阳能并没有得到有效利用，反而在循环过程中，大量热量损失，需要更多的常规能源来补充，造成系统能耗和运行成本均较高等问题。为便于理解，本书从进出系统能量平衡的角度，将太阳能热水工程中经由太阳能集热器、贮热水箱、辅助能源加热设备、控制系统、水泵和连接管道等设备的能量，表达为"两进两出"能量平衡关系。其中，能量输入包括集热系统得热量和辅助能源加热量，能量输出包括末端用户用热量和系统散热量，如图 1-5 所示。

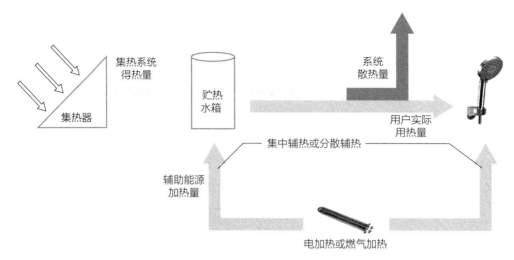

图 1-5　太阳能热水系统能耗"两进两出"示意图

从热水供应的水路和热量两方面考虑，集中集热分散辅热式太阳能热水系统、集中集热集中辅热式太阳能热水系统如图 1-6、图 1-7 所示。

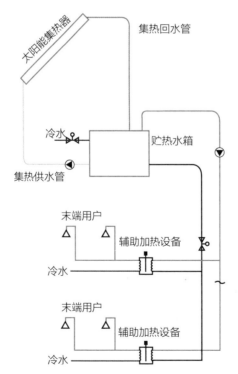

图 1-6　集中集热分散辅热式太阳能热水系统原理示意图

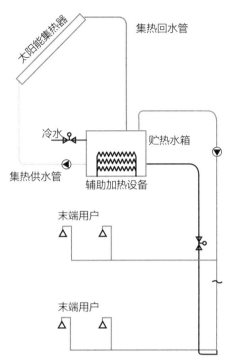

图 1-7　集中集热集中辅热式太阳能热水系统原理示意图

1.4　小结

　　从整体情况看，我国居民对生活热水的需求在不断增长。一方面，热水制备技术快速发展，能够满足人们不断增长的需求；另一方面，尽管一些可再生能源利用技术已获得较大范围的推广应用，但在实际工程中可再生能源利用率不高，生活热水的常规能源消耗没有显著降低。生活热水的发展应考虑所消耗的能源及对环境的影响，从需求方面看，对热水的"量"和"质"的需求存在不超过自然资源承载能力的合理量；从技术发展来看，一方面通过提高能效降低单位热水的能耗，一方面大力发展可再生能源或废热资源减少化石能源的消耗。近年来太阳能热水系统快速发展，在一些省市作为节能技术在新建建筑中强制安装，这大大加速了太阳能热水系统的推广应用；在实际工程应用中，各类集中太阳能热水系统应用效果并不理想，尽管设计的太阳能保证率很高，但从用户到开发商对于系统的评价都并不高，实际检测的一些太阳能热水系统常规能源消耗并不低。

　　本书以太阳能热水系统为着眼点，考虑系统"两进两出"的"热"特性，从当前产业应用现状和工程应用主要问题出发，调研居民生活热水使用习惯，进而通过实际案例检测，分析当前太阳能热水系统能耗情况，以此为基础，对太阳能热水系统的评价、检测与设计方法进行讨论，为推动太阳能热水系统合理应用提供支撑。

第 2 章

太阳能热水系统发展与
应用现状

2.1 太阳能热水产业发展现状

2.1.1 产业发展现状

（1）太阳能热水应用规模

太阳能热水器产业在我国发展迅猛，已成为拥有自主知识产权、生产规模全球最大的绿色朝阳产业。20 世纪 90 年代后期，我国太阳能热水器产业发展迅速，目前已成为世界公认最大的太阳能热水器市场和生产国。如图 2-1 所示，我国太阳能集热器、热水器产量由 1998 年的 350 万 m^2/a 增长到 2008 年的 3100 万 m^2/a，热水器总保有量由 1998 年的 1500 万 m^2 增长到 2008 年的 1.25 亿 m^2，到 2014 年达到 4.14 亿 m^2，增长近 30 倍；2014 年，太阳能光热建筑应用面积达到 34.3 亿 m^2。2014 年，太阳能工程市场继续保持增长态势，同比增长 30% 以上。2014 年，工程市场占到太阳能热利用市场份额的 40.7%。其中，住宅工程仍然居首位，占到 63%，商用（如医院、宾馆、学校、敬老院等）工程居其次占到 28%，工农业及其他领域工程占到 9%，如图 2-2 所示。太阳能热水器产业经过近三十年的发展，基本形成较为完整的产业化体系、市场开发体系和服务体系。

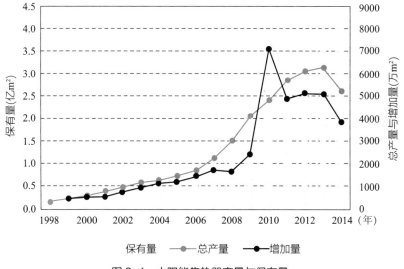

图 2-1　太阳能集热器产量与保有量

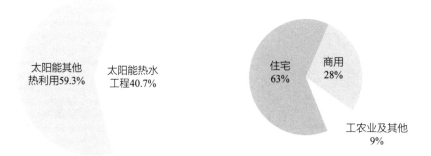

图 2-2　太阳能热水工程占太阳能热利用市场份额

我国太阳能热水器已完成市场商业化发展，形成原材料加工、产品开发制造、工程设计和营销服务的产业体系，同时带动了玻璃、金属、保温材料和真空设备等相关行业的发展，成为一个产业规模迅速扩大的新兴产业。

我国太阳能光热市场已经成为世界上最大的太阳能热利用市场，也是世界上最大的太阳能集热器制造中心。2014 年，我国太阳能集热器出口 3.0 亿美元，其中真空管型集热器及系统产量 4585 万 m²（占比 87.5%），平板型集热器及系统产量 652 万 m²（占比 12.5%）。

随着《中华人民共和国可再生能源法》的颁布，《国务院关于加强节能工作的决定》（国发〔2006〕28 号）与《财政部、建设部关于推进可再生能源在建筑中应用的实施意见》（建科〔2006〕213 号）相继出台，各地区纷纷发布有关太阳能热水系统推广应用的实施意见，推进太阳能在建筑中的应用。据不完全统计，2005 年至今，已有 14 个省、3 个自治区、3 个直辖市、50 个城市相继发布了太阳能光热建筑应用推广政策。在各地强制安装政策的拉动下，太阳能光热建筑应用面积逐年增加，2014 年达到 34.3 亿 m²，如图 2-3 所示。

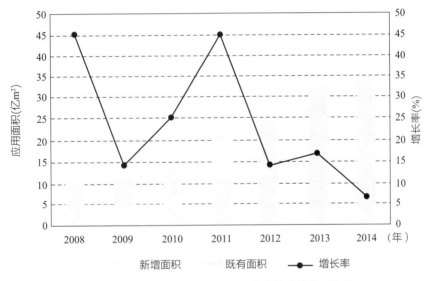

图 2-3　2008～2014 年全国太阳能光热建筑应用情况

有数据显示，自 1992 年起，我国太阳能热利用产品保有量、产量产值就逐年提高，1996 年我国太阳能热利用行业年销售额首次突破 10 亿元达到 12 亿元，1998～2014 年太阳能集热器及系统保有量逐年增长；然而，自 2012～2014 年产量大幅降低，产量负增长 17%，到 2014 年保有量的增长量也出现了明显下滑。进一步将总产量的年增长率，保有量的年增长率以及新增面积占总产量的比例作图，如图 2-4 所示，三条曲线的变化之间存在一定的联系。统计从 1998 年开始，没有之前的统计数据，从发展历史看，20 世纪 90 年代初，我国太阳能热水产业经历了从无到有的过程，发展迅速。从统计数据变化特点，总产量的增长率自 1999～2005 年一直在下降，从 2006 年开始升高直到 2009 年，连续增长四年，年增长率接近 40%，这与当年及以后颁布的相关太阳能热水推广政策有关；到 2010 年后，总产量的增长率持续下降，出现负增长，这是太阳能热水行业发展的重要转折。从保有量的增长率看，从 1999 年开始下降，出现转折点在 2008 年，增长到 2010 年后，开始出现明显下降，保有量的增长跟当年的建筑工程建设量以及推广政策的执行情况有关；而 2010 年开始，正是城镇建设大幅发展的几年，保有量增长率降低以及前面提到的总产量增长率的下降，一定程度反映了行业发展过程中可能存在问题，这点从增加量骤降也能体现。增长量占产量比，直观地了解是国内市场消化产品量占当年生产的比例，从 1999～2014 年看，这个比值大部分维持在 80% 左右，即国内市场消化的太阳能集热器面积占当年产量的约 80%，其余 20% 包括一部分出口和库存；2010 年比值达到 146%，之前两年的比值低于 60%，在政策和市场发展刺激下，2010 年消耗了前两年的大部分库存；而从 2011 年开始，这个比值在持续下降，尽管总产量在 2014 年大幅下降了，趋势依然明显。

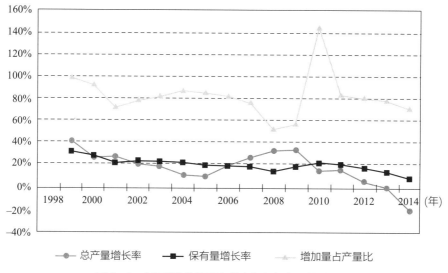

图 2-4 太阳能集热器面积的产量和保有量的增长率

总体来看，近年来太阳能集热器及系统的产量以及市场发展出现了明显的下滑，是什么原因导致的呢？太阳能集热器市场受很多因素影响，主要原因包括：①经济发展速度放缓，建筑建设竣工量减少，工程需求减少；②从 2008 年颁布的家电下乡政策，以及 2013 年发布的 "节能产品惠民工程" 刺激政策透支农村市场，影响还未完全消化；③在各地政府相继出台的强装令驱使下，大批企业转战工程市场，然而参与工程项目的太阳能企业水平良莠不齐，加之低价中标的恶性循环，导致太阳能工程应用市场口碑欠佳，部分工程实际应用效果不尽如人意，严重影响市场规律对太阳能集热产品发展的促进作用。

（2）太阳能集热器应用现状

从太阳能集热器类型来看，目前国内市场上的产品以真空管为主。根据太阳界智库对太阳能光热行业的调研数据显示，2013 年上半年，太阳能集热面积销售总量为 2590 万 m^2，从产品类型上看，真空管产品为 2289.3 万 m^2，占比 88.4%；平板产品为 300.7 万 m^2，占比 11.6%。从销售渠道上看，零售市场为 1550 万 m^2（真空管 98%，平板 2%），占比 59.9%，同比下滑 1.9%；工程市场为 1040 万 m² (真空管 72.5%，平板 27.5%)，占比 40.15%，同比增长 2.8%。从以上数据分析得出，因价格优势，真空管集热器占据主导地位，且占据 72.5% 的工程市场；平板集热器因外形美观、承压性强、热效率高、使用寿命长等优势更符合建筑一体化的发展趋势，95% 应用于工程市场。根据 2013 年对光热建筑应用项目的抽样调研数据显示，72% 的项目使用了真空管集热器，24% 的项目使用了平板集热器，另有 4% 的项目同时使用了这两种类型的集热器，如图 2-5 所示。

（3）太阳能光热系统建筑应用

太阳能集热系统与建筑结合方式主要包括平屋面支架式、阳台壁挂式、坡屋顶内嵌三种形式。根据 2013 年对光热建筑应用项目的抽样调研数据显示，平屋面支架式占项目总量的 73%，其次是阳台壁挂式，占调研项目总量的 11%，坡屋顶内嵌式使用最少，占调研项目总量的 3%，综合运用多种形式的项目占到 8% 左右，另外还有 5% 的项目使用了其他的结合方式，如平板集热器与幕墙、阳光屋顶融合等，如图 2-6 所示。此外，在调研过程中发现，平屋面支架式主要采用真空管集热器，阳台壁挂式更多采用平板集热器，且平板集热器的应用比例近年略有提升。

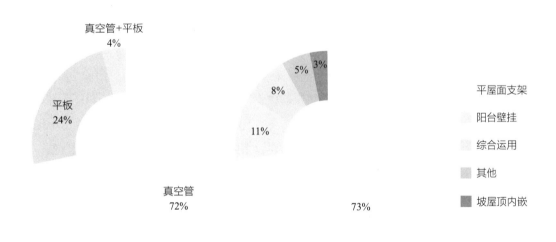

图 2-5　不同类型集热器光热建筑
应用比例

图 2-6　集热器与建筑结合各类
方式的比例

2.1.2　法律法规与相关政策

（1）国家层面相关政策

目前，我国太阳能热水系统在多层建筑中的应用技术已较为成熟。推广使用太阳能光热系统具有较强的可操作性，在农村住宅、城镇多层建筑及别墅等类型建筑中有较大应用发展空间，一些热水量需求大的公共浴室或其他用热水场合，太阳能光热利用节能效果明显。近年来，国家或各地政府也颁布了一系列的法律、法规及相关政策，推动太阳能热水系统在建筑中的应用，如表 2-1 所示。

太阳能热水系统应用相关政策 表2-1

年份	出台政策
2006	《建设部、财政部关于推进可再生能源在建筑中应用的实施意见》（建科［2006］2013号）
2007	《中华人民共和国节约能源法》
2008	《民用建筑节能条例》
2009	《关于印发可再生能源建筑应用城市示范实施方案的通知》（财建［2009］305号） 《关于印发加快推进农村地区可再生能源建筑应用的实施方案的通知》（财建［2009］306号）
2010	《中华人民共和国可再生能源法》
2012	《可再生能源发展"十二五"规划》
2013	《国务院办公厅关于转发发展改革委住房城乡建设部绿色建筑行动方案的通知》（国办发［2013］1号）

已颁布的《中华人民共和国节约能源法》（2007年修订）、《中华人民共和国可再生能源法》（2010年施行）及《民用建筑节能条例》（2008年施行）中，明确提出了国家鼓励单位和个人安装和使用太阳能热水系统。在2012年颁布的《可再生能源发展"十二五"规划》中明确提出，到2015年，太阳能热利用累计集热面积达到4亿 m²（这个目标在2014年已经达到），到2020年，太阳能热利用累计集热面积达到8亿 m²；提出将太阳能热利用产品纳入国家有关惠民工程支持范围，支持农村和小城镇居民安装使用太阳能热水系统、太阳灶、太阳房等设施；积极推进太阳能示范村建设，加大农村可再生能源建筑应用的实施力度，推行农村太阳能浴室，扩大太阳能热水器在农村的应用规模，每年支持农村公益性太阳能热水器及供热系统建设200万 m²；到2015年，建成1000个太阳能示范村；在大中城市推广普及太阳能热水器与建筑物的结合应用，建设太阳能集中供热水工程；在公共建筑、经济适用房、廉租房建设太阳能热水工程，每年支持建设1000万 m²。这些规划目标的提出，为推动太阳能热水利用提供了全面的政策支持。

2013年1月1日，国务院办公厅出台《国务院办公厅关于转发发展改革委住房城乡建设部绿色建筑行动方案的通知》（国办发［2013］1号），在其重点任务中提出：积极推动太阳能、浅层地能、生物质能等可再生能源在建筑中的应用。在太阳能资源适宜地区，应在2015年前出台太阳能光热建筑一体化的强制性推广政策及技术标准，普及太阳能热水利用，积极推进被动式太阳能采暖；研究完善建筑光伏发电上网政策，加快微电网技术研发和工程示范，稳步推进太阳能光伏在建筑上的应用；合理开发浅层地热能。财政部、住房和城乡建设部研究确定可再生能源建筑规模化应用适宜推广地区名单。开展可再生能源建筑应用地区示范，推动可再生能源建筑应用集中连片推广，到2015年末，新增可再生能源建筑应用面积25亿 m²，示范地区建筑可再生能源消费量占建筑能耗总量的比例达到10%以上。

为贯彻实施国家《可再生能源法》，住房城乡建设部联合财政部从2006年始在全国范围内开展可再生能源建筑应用示范，出台了《建设部、财政部关于推进可再生能源在建筑中应用的实施意见》（建科〔2006〕213号）、《关于印发可再生能源建筑应用城市示范实施方案的通知》（财建〔2009〕305号）和《关于印发加快推进农村地区可再生能源建筑应用的实施方案的通知》（财建〔2009〕306号）等文件，中央财政设立专项资金支持太阳能热水系统、太阳能供热采暖和制冷系统等技术的推广应用，共支持太阳能热水系统应用建筑面积近 3 亿 m^2。

（2）地方层面相关政策

在地方层面，部分省市出台建筑节能条例或政府令，强制推广太阳能热水系统，如《深圳市深圳经济特区建筑节能条例》（2006年8月8日）、《浙江省建筑节能管理办法》（2007年8月20日）、《江苏省建筑节能管理办法》（2009年11月4日）、《海南省太阳能热水系统建筑应用管理办法》（2010年1月21日）、《上海市建筑节能条例》（2010年9月17日）、《北京市太阳能热水系统城镇建筑应用管理办法》（2012年1月30日）、《山东省民用建筑节能条例》（2012年11月29日）等，据不完全统计，迄今为止，北京、江苏、安徽、山东、山西、浙江、宁夏、海南、湖北、吉林、上海、宁波、赤峰、巴彦淖尔、福州、南京、广州、深圳、珠海、东莞等21省50市出台了强制在新建建筑中推广太阳能热水系统的相关法规或政策，强制推广的地区主要集中在东、中部地区。对于强制执行建筑范围，大部分规定为12层，其中个别城市规定在18层或100m。河北、山东、湖北、青海等省继续加强政策实施力度，河北省住房和城乡建设厅2014年下发《关于规模化开展太阳能热水系统建筑应用工作的通知》（冀建科〔2014〕24号），决定在全省规模化开展太阳能热水系统建筑应用工作，明确到2016年底，新建建筑太阳能热水系统应用面积接近或力争达到50%。山东省济南市根据市政府会议精神，下发《关于高层建筑推广应用太阳能热水系统的实施意见》（济建科字〔2013〕28号），决定自2014年起，市域内100m以下新建、改建、扩建的住宅和集中供应热水的公共建筑，一律设计安装使用太阳能热水系统。青海省借助住房和城乡建设部大力发展被动式太阳能暖房的契机，结合本省实施被动式太阳能采暖项目经验和技术，在各地政府配合下，2013年全省实施农牧区被动式太阳能暖房项目面积110万 m^2，惠及全省两市五州11000户农牧民住户，逐步在农牧地区被动式采暖民居建设中形成了具有本省地域特点的"门源模式"，受到了广大农牧区群众的欢迎。湖北省武汉市明确在全市范围内新建、改建、扩建18层及以下住宅（含商住楼）和宾馆、酒店、医院病房大楼、老年人公寓、学生宿舍、托幼建筑、健身洗浴中心、游泳馆（池）等热水需求较大的建筑，应统一同期设计、同步施工、同时投入使用太阳能热水系统。

2014年12月，深圳市住房和建设局下发《深圳市住房和建设局关于调整太阳能光热建筑应用工作计划的通知》（深建节能〔2014〕101号），其中明确规定，新办理建设工程规划许可的12层以上高层住宅（包括保障性住房）是否安装太阳能热水系统政府主管部门不作强制规定，可由各建设单位自行决定。2016年4月，海口市住建局下发了《关于取消海口12层以上住宅建筑最大化安装应用太阳能热水系统的通知》（以下简称《通知》），规定自《通知》下发起，取消"海口所有12层以上的住宅建筑最大化配建太阳能热水系统"的强制性要求，鼓励支持12层以上的住宅建筑安装应用太阳能热水系统。

（3）与太阳能热水相关的政策及标准要求

从政策内容和要求强度上看，这些激励政策也体现以下特点：

在设计阶段要求新建和改建的低层（别墅）、多层、小高层住宅建筑，必须按《民用建筑太阳能热水系统应用技术规范》GB 50364、《太阳能热水系统设计、安装及工程验收技术规范》GB/T 18713进行太阳能热水系统与建筑一体化设计。在进行建筑设计时，要做到太阳能热水系统与建筑工程同步设计、同步施工、同步验收、同步交付使用。高层住宅及其他公共建筑可依据开发单位和使用者的要求，确定是否进行太阳能热水系统与建筑一体化设计。太阳能热水系统与建筑一体化设计时，应做到建筑立面整齐美观、协调有序、布局合理、性能匹配，并且确保结构安全、维修方便、使用可靠；太阳能热水器的规格尺寸、管道竖井、固定预埋件、系统布置、电器管线敷设、节点做法等应当列入施工图纸设计内容，设计深度能够有效指导施工安装。施工图审查单位对采用太阳能热水系统的项目应进行专项审查，对应设计采用太阳能热水系统而未设计的，不得通过设计审查；审查合格的应在《民用建筑节能设计审查备案登记表》中注明。没有设计太阳能热水系统的市区居住项目，审图单位应要求原设计单位进行增补设计。

在施工阶段要求太阳能热水系统安装施工单位具有相应的施工专业资质，施工单位应严格按照设计图纸和国家有关太阳能热水系统的设计安装规范、图集进行施工，确保安装质量和安全。任何单位和个人不得擅自变更和取消太阳能热水系统设计图纸，施工中有涉及太阳能热水系统的设计变更要经原图纸审查单位审查后方可变更。监理单位应做好太阳能热水器安装施工的监理工作，认真履行职责，不得允许不合格的太阳能热水器及其配件应用于工程中。

2.1.3　太阳能热水系统应用问题

在工程验收要求建设单位组织工程竣工验收时，应包含太阳能热水系统工程的安装施工质量和安全等内容，并在"建筑节能专项验收"中进行专项验收。对擅自取消太阳能热水系统安装的工程，不得通过竣工验收。

在强制安装政策的实施过程也同样存在着一些问题：

（1）未充分考虑地区适宜性

强制性政策的制定需要认真考虑强制性要求的可实施性。我国太阳能资源整体来说较为丰富，但国土面积大、气候情况差异大。地区经济发展水平差异大是我国的具体国情，各省、市应依据自身的实际情况和基础进行论证，充分考虑在哪些地区适宜开展强制安装。例如，尽管西部地区日照强烈，一些省市的经济与技术发展水平较低，安装热水器将减少工程项目市场效益（太阳能热水系统提高项目建设投资，相比于该地区项目整体投资比例较大），得不到市场参与者的积极支持；华东地区部分省市虽然地处太阳能资源Ⅲ类地区，地方政府积极推广太阳能热水系统与建筑一体化应用，当地经济发展水平较好且具有较好的产业基础，强制政策在这些地区有相对较好的响应。

（2）未充分考虑建筑适宜性

哪些类型的建筑应纳入到强制安装的范围，也同样需要进行全面的考虑。各地方现有的政策中多明确规定对 12 层及以下的民用建筑实施强制安装，包括住宅建筑以及宾馆、餐厅等公共建筑，对 12 层以上的民用建筑实行鼓励安装。"12 层"的标准是否对各个地区都适用，还需结合已有的经验，要考虑太阳能资源、气候条件、常规能源供应情况等各方面的因素进行进一步论证。山东省济南市《关于高层建筑推广应用太阳能热水系统的实施意见》中规定，100m 以下的新建、改建、扩建的住宅和集中供应热水的公共建筑，一律设计安装使用太阳能热水系统，此处关于"100"m 的标准适用性也应深入探讨。

对于部分减免和全部减免强制安装太阳能热水系统的条件，许多国家都有明确的规定。我国各地已有文件中就不具备太阳能热水器安装条件的提出"建设单位应当在报建时向政府主管部门申请认定，政府主管部门认定不具备太阳能集热条件的，应当予以公示"，还应针对各地气候、资源等情况，结合具体建筑的具体信息分别考虑。

（3）最低太阳能保证率的认知与要求不明确

太阳能保证率是系统中太阳能热水器供给的热量占热水总负荷的百分比。热水系统的最低太阳能保证率是最为常用的衡量强制安装力度的指标。西班牙、意大利以及诸多的国家都有最低太阳能保证率的要求，根据当地的太阳能资源和其他条件的不同，给予一定的范围。我国各地发布的太阳热水系统强制安装政策中虽未给出最低太阳能保证率的要求，但十分重视太阳能保证率指标。

然而，设计保证率与实际工程中的"保证率"有较大的差异。在设计时，根据当地全年太阳辐照量，选择集热面积和安装角度等因素确定；然而，实际太阳能保证率与热水器使用期内的太阳辐照、气候条件、产品热性能、用户用热水的规律、建筑物类型特点等众多因素有关。太阳能热水系统强制安装政策中主要关注设计指标，对实际运行效果还未充分重视，强制执行的项目很多由于没有良好的节能经济效益，得不到市场的认可。

（4）真实效果评价欠缺

目前太阳能建筑一体化中更多的关注重点在一体化技术，而对于系统整体的效果评价较为欠缺，已经开展的系统评价多集中在供应侧，考虑需求侧实际效果相对较少。如需求侧的经济性，通过计算发现，将 1t 水加热 40℃，若单纯使用电加热，所耗电量为 46.2kWh，若按 0.48 元 /kWh 计算，即需电费 22.5 元 /t；然而有的地区太阳能热水收费却超过 40 元 /t。我国现阶段热利用技术及产品的生产企业繁多，存在鱼龙混杂、良莠不齐的现象，部分企业已经拥有国际先进水平达到集团化生产规模；有的仍停留在手工作坊阶段，因此有必要要求提供太阳能热水系统相关产品的生产合格证，并将其检测与验收纳入到建筑施工验收程序中。除了集热器、水箱等部件的质量控制，对于系统整体的实际应用效果也应建立评估体系，跟踪常规能源的消耗，对系统整体的效果（节能效果和经济效果）进行检测。

（5）技术开发能力和产业发展水平发展不均衡

部分省市虽然出台了强制安装政策，但现有太阳能产业的技术水平较低，设备制造能力弱，技术和设备生产主要依赖外省输入，甚至与国内平均水平相比，仍存在着较大的差距。此外，太阳能利用资源评价、配套技术标准、安装规范、产品检测和认证等体系不完善，人才培养不能满足市场快速发展的需要，没有形成支撑产业发展的技术服务体系。

2.2 工程应用问题讨论

2.2.1 生活热水系统工程应用过程

推动太阳能热水系统应用，主要目的在于通过利用太阳能减少电或燃气等常规能源消耗，实现节能减排。在实际工程中，从太阳能热水系统产品到用户使用过程中，经过若干个环节，每个环节的参与者和落实情况，都影响太阳能热水系统的应用效果。

对于分户式太阳能热水器，通常由用户直接到市场上购买，商家协助或负责安装。集中式太阳能热水系统，从设计到运行维护环节涉及的参与者众多，主要包括产品商、设计者、开发商、施工方、运行维护方和使用者等。各个环节的参与者所关注的重点以及与太阳能热水系统相关的利益并不相同，如表2-2所示。例如，开发商关注工程质量，其利益相关在于建设工程中尽量控制成本；设计者关注太阳能保证率，而提高单位时间内设计产出是影响其收益的重要指标，尽可能减少设计难度提高产出、以获得更多收益。各个参与者相关利益不同，从系统设计到运行，需要有完善的指标，才能够保障太阳能系统真正实现节能目的。此外，各个环节的参与者不同，如果环节之间衔接不到位，系统设计的理念和运行控制策略也难以有效执行。实际工程中，除非开发商负责系统运维，运行方通常难以理解系统的设计思路和运行策略。

太阳能热水系统流程相关利益者关注重点　　　　　　　　　　表2-2

	相关利益者	关注重点
设计阶段	开发商	控制成本
	设计者	提高时效产出
	产品商	增加收益
	政府监管部门	节能指标
施工阶段	开发商	控制成本
	施工方	提高时效产出
	产品商	增加收益
运行阶段	运行方	保障效益
使用阶段	使用者	舒适经济

设计阶段主要参与者包括政府监管部门、开发商、设计者和产品商。政府监管部门从节能减排的角度，会提出应用太阳能的要求；对于开发商，太阳能热水系统很难作为一项重

要卖点吸引买家，因此，其在设计阶段主要考虑尽可能控制设计和产品成本；设计者根据开发商提出的要求以及相关设计标准，对太阳能热水系统进行设计；产品商会根据设计方案，尽可能地向设计者或开发商提供有更多收益的产品。由于这三者对于太阳能热水系统的方案协商一致，后期运行维护团队与实际使用者很少参与到设计阶段来。

在施工阶段，由施工方取代设计者发挥主要的作用，开发商主要关注施工质量。施工方对于设计方案的理解并且切实执行，是运行时系统能够按照设计理念有效保障热水需求的条件。

在系统投入运行时，运行维护人员依据一定的策略控制热水系统，为维持系统管理，一般还会向用户收取一定的费用。使用者用热水时，主要关注舒适和经济性，包括前面提到的热水的"量"与"质"，消耗太阳能与辅助能源（电或燃气等）。

从以上各个阶段看，设计标准是设计过程中，太阳能热水系统方案尽可能节能减排的保证，各项设计指标有着支撑性的作用；竣工验收过程时，太阳能热水评价指标和检测方法，是太阳能热水应用和发展的导向，评价指标尤为重要；在运行过程中的收费机制，是影响使用者是否选择更为节能的使用方式的重要因素，如表 2-3 所示。

各个阶段太阳能热水系统的关键要素　　　　　　　　　　表 2-3

	关键要素	作用点
设计阶段	设计标准	系统形式与设计参数
运行阶段	评价指标、检测方法、收费机制	使用方式和控制策略

2.2.2　工程技术与非技术问题

调研现有的太阳能热水系统购买、设计、安装、验收、使用和维护等环节的参与者，反映出与太阳能热水系统理想状况截然不同的问题：开发商不愿意主动安装，政府强制执行下，开发商通过租赁太阳能系统设备做摆设，或者安装好后并不投入使用；设计人员由于设计费少甚至没有设计费，不愿做太阳能热水系统方案设计；运行维护方认为运行管理成本高，宁愿将太阳能热水系统闲置不用；一些使用者也有的认为热水价格太高，宁愿自己安装燃气或电热水器。

调查[①]发现，一些业主常抱怨太阳能热水系统收费高、水温不稳定等问题。在实际调研中，集中式太阳能热水系统吨热水成本因季节不同其差异很大。根据针对河南、云南、北京、广东、山东等地的 144 位居民所做的调研中，18% 的用户所承担的热水价格超过 20 元 /t，有的甚至超过 40 元 /t，与单纯用电加热的热水系统相比并未体现出优势。此外，调研表明，只有 37.1% 的用户认为太阳能热水系统"很舒适"，而剩下 62.9% 的用户认为"一般"；与之相比，认为电热水器和燃气热水器"很舒适"的分别占 42.9% 和 44.4%，与太阳能热水系

---

① 调查结果参考住房城乡建设部科技计划项目 2015-K1-003 "住宅太阳能生活热水系统运行问题及节能技术研究"。

统相比反而较高，如图 2-7 所示。

出现以上问题，可能存在多方面
原因，比如技术水平、市场机制或运
行水平等，根据现有实际工程情况，
认为可能存在以下几方面的问题：

（1）"劣币驱逐良币"：政策执行
作用市场的问题

从产业发展的情况看，20 世纪
90 年代初，我国太阳能热水技术刚刚
起步很快就被市场认可，尽管一些地

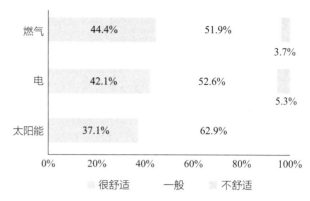

图 2-7 居民对不同热源生活热水系统的使用感受

方还因为在屋顶安装集热器影响建筑美观而反对安装，太阳能热水市场还是迅速发展起来；
在未得到相关政策支持的情况下发展十余年（到 2006 年），集热器面积增长到近 1 亿 m^2。
这一时期，还没有开始大规模的房地产开发，太阳能集热器以既有建筑安装为主；在各地强
制安装政策分别出台后，太阳能热水系统工程应用大幅增加，多用于新建住宅。在建设阶
段，项目建设方通常会采用"低价竞标"的方法，选择太阳能热水系统，建设方更注重安装
太阳能热水系统的成本，并非运营过程的效果和能耗，尤其当建设方和运营方不是同一主体
时，这种情况更加突出。由于买方对产品的需求定位，供应方研制和生产产品主要着力在减
少成本，而不是如何提高产品性能，提高用户的满意程度。由此，产品在实际使用过程中的
问题越来越多，实际供热水效果愈发不能满足用户要求，市场对太阳能热水系统的认可度进
一步降低。因此，不难理解太阳能热水市场出现明显缩水的现象了。

（2）不同阶段的衔接问题

为了保证太阳能热水系统的正常使用，很多企业在设计太阳能热水系统时，选用标准规
范中相应参数的上限值，设计较大的水箱、集热板，相应增加了成本，提高了太阳能热水系
统的初投资。部分物业公司在太阳能热水方面并不盈利，只能靠其他方面的收入平衡损失。

首先，各个参与者在系统关注重点和利益相关点不同，这些不同使得各个阶段衔接存
在问题。表现为：①设计方案与实际使用情况存在差异，系统与实际使用需求匹配度不高；
②运行方与设计方沟通不够，难以优化运行控制策略；③从开发商到运行及使用者，节能减
排的目标在整个流程以及各个参与者中贯彻不到位。

针对这类问题，首先设计方案或相关标准应将使用者的特点充分反映到设计过程中，
设计者应从实际运行的角度考虑方案；其次，项目设计者对方案应有详细的阐述，便于运行
方理解和执行；再次，将节能减排目标与市场机制结合，更多地引导参与者重视采用太阳能
热水系统的真正目的。

（3）技术硬件和运行管理的问题

太阳能热水系统，是一项系统工程，从集热侧到用热侧，还存在系统的管路和装置；
除了设备外，控制策略也是影响系统能源消耗的主要因素。因此，在对太阳能热水系统进行

设计时，不仅仅考虑集热面积、贮热水箱容积，还应该根据实际使用情况，对运行策略进行优化设计。尤其是在实际工程中，新建住宅入住率逐步增加的情况下，优化控制策略，进而对设计方案提出改进措施。

根据某物业代管的使用集中式太阳能热水系统的小区反映，由于北方地区水质较硬、结垢现象严重，经常造成管道及阀门堵塞，而厂家更新换代速度较快，不能提供相应原配件的替换，大大缩短了系统使用寿命。小区物业工程部工作人员需要每天 24 小时轮岗，时刻待命检修，所耗费的人力成本远大于太阳能热水系统所节省的热水成本。

（4）考核指标结果不唯一性问题

现有太阳能生活热水系统评价指标主要为太阳能保证率，从热水系统来看，此项指标仅仅对系统的集热侧进行了评价。经过检测发现，城市太阳能生活热水系统效率远远没有达到设定目标，如有的工程项目太阳能保证率甚至为 100%，但实际辅助能源消耗占用户用热量的比例仍然高达 70% 以上，业界更重视提升集热器产品本身的效率，但是对于工程应用的系统效率关注较少。对于集中式太阳能热水系统，为了满足用户的用水需求，多数系统不间断循环供水，导致热水在管道中循环的过程中散失了较多的热量，产生了较高能耗，与太阳能热水系统的节能设计初衷不符。

从整体上看，无论是系统集热器、贮热水箱、管路，还是辅助热源，都属于太阳能热水系统的一部分，系统整体性能、运行控制策略以及运行使用方式，对于太阳能热水系统能耗的表现都有直接的影响。在强调太阳能保证率的同时，如果忽视系统整体性能，从技术谈节能，忽视运行控制和用户实际需求特点，将使得设计人员忽略了系统整体性能以及运行控制策略的考虑。从实际工程看，收集更多的太阳能并不是发展太阳能热水的目的，实际有效利用更多的太阳能才是太阳能热水系统的初衷。

此外，建筑一体化水平与效率兼顾的平衡尚在探索。太阳能热水系统与建筑一体化结合的理念，已经在太阳能利用学术界、产业界和建筑业界形成共识，但在与建筑结合的太阳能热水技术和工程应用领域，中国的整体水平和应用规模与一些发达国家相比仍有差距。各地的发展不平衡，存在一些认识上的误区，大部分建筑设计院和房地产开发商对建筑一体化太阳能热水系统的关注较少，部分太阳能热水器企业对建筑一体化的认识停留在概念上，没有投入实质性的努力；在产品性能、与建筑结合的适用性和系统设计各个方面都亟待提高；在考虑美观的同时，应兼顾系统的整体效率。

以上总结的几点，是当前太阳能热水系统应用过程中常见的主要问题。在实际工程中，可能还存在例如产品性能、工程质量、运营团队管理水平和建筑实际入住率等方面问题影响系统运行效果。对于这些具体工程问题，通过实际调查、检测以及计算分析，优化设计、强化施工管理和运行控制改善系统实际运行效果；对于上述技术与非技术问题，需要从政策制定、评价标准、工程管理以及市场机制等方面开展相关工作。

2.3 关于利用太阳能的趋势与思辨

2.3.1 发展历程

从我国太阳能热水系统发展历程看来，太阳能热水系统发展趋势呈现出以下特点：

（1）由农村走向城市

1998～2008年，中国太阳能热水器行业的年增长率为24.37%。2009年，受益于家电下乡政策的实施，行业增长率提升到35.5%。家电下乡拉开了太阳能热水器市场高速增长的序幕，且将农村变成太阳能产品的主市场，但是3年多的推广也部分透支了农村市场的购买力。随着《中华人民共和国可再生能源法》的颁布，《国务院关于加强节能工作的决定》（国发〔2006〕28号）与《财政部、建设部关于推进可再生能源在建筑中应用的实施意见》（建科〔2006〕213号）的出台，为应对能源短缺和响应节能减排号召，各地区纷纷发布有关太阳能热水系统推广应用的实施意见，推进太阳能在建筑中的应用，越来越多的高层建筑开始利用太阳能光热系统，促进了我国太阳能热水工程市场逐年扩大，工程市场占全国当年总产量的比重逐渐增加，从2004年的25%提升至2014年的40.7%，太阳能从农村走向城市。

（2）由紧凑式转向建筑一体化应用

从农村起步的太阳能热水系统，主要以家用的单机为主，通常摆放在屋顶，在其进入城市之初，也是以楼顶安装的单机为主，且多是居民自行零散安装。为了实现太阳能利用设施与建筑有机结合，满足建筑安装太阳能安全、美观、方便等要求，太阳能热水系统逐渐实现与建筑同步设计、同步施工、同步验收、同步后期管理，使其成为建筑的有机组成部分，且形成了平屋面支架式、阳台壁挂式、坡屋顶内嵌等多种一体化形式。过去人们通常使用单户家用太阳能热水器，而如今越来越多的新建住宅小区配备了集中式太阳能热水系统，采用集中的贮热水箱为用户提供热水。与之相适应的，太阳能光热企业从单一的终端零售产品竞争逐渐转向以核心部件、控制系统、整体配套的工程能力竞争。

（3）由满足单一生活热水向采暖等多元化方向发展

继家用太阳能热水系统，太阳能与建筑结合热水工程之后，太阳能采暖、太阳能空调等项目不断涌现。国内有部分太阳能企业也在积极探索，力图攻克太阳能供热采暖技术难题，这其中也不乏成功案例，如北京顺义低温热源太阳能吸收式空调采暖工程。欧洲、北美洲对太阳能采暖系统的工程应用已有几十年历史，过去主要用于单体建筑内的小型系统，近十余年来，包括区域供热在内的大型太阳能供热采暖综合系统的工程应用有较快发展。德国是应用太阳能供热技术较早的国家，太阳能供热采暖技术已经在德国居住区供热实施改造和配套建设中得到广泛推广和应用。

（4）由"强制安装"到个别城市取消"强装"政策

2006年11月1日实施的《深圳经济特区建筑节能条例》，率先在国内确立了12层以下住宅建筑中强制安装太阳能热水系统的制度。2009年底，深圳市政府又颁布了一系列加大发展新能源的政策规划，明确了发展太阳能的方向。然而，工程市场中多数开发商执行的低价中标制度，以及太阳能行业中企业水平参差不齐，导致 80%～90% 的太阳能房地产工程项目都烂尾了。这与太阳能"强装令"配套政策的缺位有很大关系。2014 年 12 月，深圳市住房和建设局下发《深圳市住房和建设局关于调整太阳能光热建筑应用工作计划的通知》（深建节能〔2014〕101 号），其中明确规定，新办理建设工程规划许可的 12 层以上高层住宅（包括保障性住房）是否安装太阳能热水系统政府主管部门不作强制规定，可由各建设单位自行决定。太阳能强制安装政策或将取消的消息与山东济南"强装令"升级（百米以下建筑强制安装使用太阳能）开展得如火如荼形成鲜明对比，太阳能"强装令"在国内呈现冰火两重天的景象。

由此可知，自家电下乡结束至近年来各地陆续出台太阳能热水系统强制安装政策，太阳能热水系统在我国的发展迅猛，而系统的稳定性及实际应用效果令人担忧，如何取得应用的最佳实际效果将成为重要问题及挑战。中国的太阳能热利用已经形成了从原材料加工、集热器生产到热水器生产的完整产业链条，同时产品开发制造、工程设计、营销和市场服务的产业服务体系不断增强。结合前面讨论的问题，未来太阳能热水技术与工程的发展仍需要克服一些挑战才能取得更大规模、更深层次的应用效果。

2.3.2　太阳能热水应用思辨

2014 年太阳能集热器增加量大幅下降，太阳能热水系统工程应用中暴露出的问题，也将使得太阳能热水的发展遇到较大的困难，尤其在未来每年建设量下降的情况下，梳理太阳能热水发展遇到的问题，并积极寻找对策解决相关问题，是目前较为迫切的工作。下面从太阳能热水应用的目的、技术方法以及管理模式方面，针对前一节总结的问题进行讨论。

从应用目的来看，太阳能热水系统的出现，是为利用可再生能源，减少常规能源消耗，达到节能减排的效果。因此，应该以实际减少常规能源量来衡量太阳能热水系统应用效果。在工程中，由于检测过程往往在建筑竣工后、用户使用前。在这个阶段，不能获得实际使用时的辅助热源能耗。现有的以太阳能保证率为指标的评价检测方法，源于对工业产品的检验，不能全面地评价系统性能，也未直接考量实际常规能源的节约量，这些是造成上述问题的重要原因。因此，建立以实际节约常规能源量为指标的评价体系至关重要。一方面，从技术导向上，明确太阳能热水技术的发展方向；另一方面，从实际应用效果方面，提高用户对产品的认可度。

从技术方案来看，太阳能热水系统日用热高峰与日集热高峰时段不匹配。太阳辐射以日为周期，住宅用户用热水需求通常发生在夜间，也有在早晨的，这通常是没有太阳辐射或者太阳辐射较弱的时候，系统的热水由白天集热器收集，到夜间也已经损失不少，太阳辐射的周期与用热需求时间差异，使得通过太阳能供应热水难度增加。由于太阳辐射强度大小的不稳定性，对于对热水供应有较高要求的用户，太阳能难以作为系统的保障能源。例如，对于全天连续供应热水的住宅楼，集热量受太阳辐射强度变化的影响，用户对水温和热水量有相应的要求，不随着集热量的变化而改变。这样看来，除非用户主动适应太阳能集热量的变化，在太阳能系统中，太阳能作为辅助性能源，实际依靠电、燃气或稳定热源的热量，才能够使得热水供应有较好的保障性。

从管理角度来看，现有的集中式太阳能热水系统，吨热水成本常常高于分散式电热水器或燃气热水器。这是因为集中式热水系统运行过程中，由于系统散热量大，电或燃气作为辅助能源的费用也较高。对于用户而言，集中式太阳能热水系统的初投资成本，可能并不会少于分散式电热水器或燃气热水器。为推动太阳能热水系统的应用，一方面，从技术上尽可能提高系统实际常规能源替代率，减少运行过程中的能源费用；另一方面，管理过程尽可能提高运行控制水平，减少人员和维护成本，使得用户确实能够获得太阳能系统的实惠。从长远发展来看，不断从实际工程应用中总结问题，进行思辨，并探索解决问题的方法，是促进太阳能热水发展的必要举措和基本保障。

第3章

居民生活热水使用情况
调研与分析

3.1 概述

3.1.1 调研背景

据《中国建筑节能年度发展研究报告 2013》的数据，当前我国城镇住宅建筑中生活热水能耗占到其总能耗的 10% 左右。随着人们对生活水平要求提高，生活热水的使用需求也将逐渐增加。这是因为，人们日常洗澡、炊事和清洗卫生等过程中对热水的需求量越来越多，24 小时热水供应俨然已成为某些高端住宅小区的标配。为了应对能耗增长的压力，提高能源利用效率，更加科学合理地提供生活热水是必须关注的问题，而评估居民生活热水用量、挖掘生活热水需求特点则是解决这一问题的首要步骤。

现有居民生活热水使用模式的相关研究主要关注热水用量，对于热水主要使用时段的分布、热水供应形式和费用以及用户对不同供水系统的使用评价等研究较少。居民热水用量的取值大小及范围，在不同气候区和不同人群中可能存在较大的差异，并且随着生活水平的变化，使用量和负荷规律可能都会发生变化。为此，本章针对居民生活热水使用情况，包括居民的用热水规律、热水的 "质" 与 "量" 以及供应方式等进行阐述。

3.1.2 调研情况

研究组开展了两次调查活动，情况介绍如下：

调查 1 是针对全国的 "居民生活热水使用与用能方式调查"，采用网络问卷调查和会议现场问卷调查两种形式进行，内容包括家庭基本信息、热水使用规律、用水的 "质"、供应方式与设备类型四个方面。该调查共回收 557 份有效问卷，其中网络问卷 415 份，访谈问卷 142 份，有效问卷回收率 95%。受访者中，男性占 49%，女性占 51%，年龄分布如图 3-1 所示。考虑到生活热水使用受气候条件的影响，为了研究不同气候区的热水需求规律，受访者气候区分布如图 3-2 所示。

调查 2 是在上海和江西两地进行了居民生活热水使用与影响因素的调查，采用问卷调查和访谈的方式，调查内容包括家庭基本信息、用热水规律和节能意识三个方面。共收到上海地区有效问卷 223 份，江西地区有效问卷 182 份。

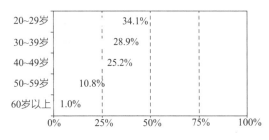

图 3-1 受访者年龄分布

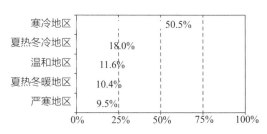

图 3-2 受访者气候区分布

此外，为进一步分析夏热冬暖地区居民的生活热水使用习惯，本章部分参考了海南省"热带海岛气候居民行为适应性与节能重点研究"的结论。

调查基本情况见表 3-1。本章将从用热水规律、热水"质"与"量"、热水供应方式和设备类型等方面进行分析。其中，用水规律包括热水用途、用水时间、季节和气候区的分布规律；热水的"量"指居民日均热水用量，考虑到热水主要用于洗澡，依据居民洗澡习惯对用水量进行了计算，并结合已有研究数据，对热水用量进行了定量刻画；热水的"质"用于描述居民的用水舒适度、等待时间及用水价格等影响居民用水满意度的相关因素；热水供应方式和设备类型是指居民获取热水的方式，从供应方式及设备类型角度进行了说明，如家用热水器、集中式热水系统等。

调查基本情况　　　　　　　　　　　　　　　　　表 3-1

	地域分布	气候区	调查内容
调查 1	全国	严寒地区	用热水规律 热水的"量" 热水的"质" 供应方式和设备类型 太阳能生活热水
		夏热冬冷地区	
		温和地区	
		寒冷地区	
		夏热冬暖地区	
调查 2	上海市 江西省	夏热冬冷地区	用热水规律 热水的"量" 供应方式和设备类型 热水用量影响因素

3.2　用热水规律

3.2.1　热水用途

居民主要将热水用于洗澡，还有一些居民将热水用于炊事（洗菜、洗米、清洗餐具等）、洗衣物、打扫卫生等方面，不同季节热水用途占比如图 3-3 所示。结果显示，用热水行为会随季节发生变化，其中使用热水洗澡的居民数量季节性变化不明显，占到 79% 左右；日常洗漱、厨房用水、洗衣物、打扫等均呈现出冬季热水使用占比较高的情况，分别占 57.0%、56.0%、52.5%、30.4%。

在广东省、海南省等夏热冬暖地区，因气候炎热，当地居民并非全年都使用热水洗澡，夏季以冲凉为主，在广东仅有 25% 左右的居民在夏季使用热水洗澡。在气温更高的海南省，在夏季仅有 11% 的居民使用热水洗澡，大部分居民只在部分月份使用热水洗澡。

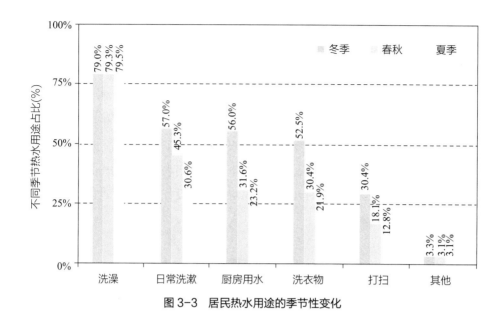

图 3-3 居民热水用途的季节性变化

在调查居民每天生活热水用量时，只有 17.6% 的居民表示清楚，对具体用量有过估计，绝大部分居民对每天生活热水用量未关注，如图 3-4 所示。在对太阳能集中供水系统用户进行的生活热水价格调查中，有 30.3% 的居民不清楚热水价格，如图 3-5 所示。这些调查结果表明，居民对生活热水的用量和价格的关注度不高。

图 3-4 居民对生活热水用量的认知　　　图 3-5 居民对热水价格的认知

3.2.2 日使用时间与需求

（1）方法一：调查

本研究对洗澡时段进行了调查，分析热水负荷的时间分布特点。根据人们日常作息活动时间特点，问卷中对热水使用时间进行了如下划分：5：00～9：00（早晨）、9：00～12：00（上 午）、12：00～16：00（下 午）、16：00～19：00（傍 晚）、19：00～22：00（晚 上）、22：00～24：00（半夜）、24：00～5：00（第二日）。

如图 3-6 所示，洗澡时段主要集中在晚上的 19：00～22：00，其次是 22：00～24：00，这两个时间段覆盖了近 88% 的居民，19：00～24：00 是洗澡生活热水需求最为集中的典型时段。夏季天气炎热，有近 20% 的居民会在一天中的多个时段洗澡，春秋季、冬季则比较少见，低于 10%。此外，厨房洗刷、盥洗、打扫等家务使用热水时间相对也比较集中，主要是在一日三餐和周末时间。

（2）方法二：监测

居民不同季节日热水使用时间分布监测数据如图 3-7 所示，居民用热水规律呈现"M"形，全年早晚用水高峰分别出现在 7：00～8：00 和晚间 20：00～22：00。各季节早高峰时段均出现在 7：00，且比例相差不大。相较而言，晚高峰会随着季节呈现一定的变化规律：冬季洗浴高峰为 20：00，春秋季洗浴高峰为 21：00，夏季洗浴晚高峰为 22：00。表明用户会根据季节变化，调整洗浴时间。与问卷调查所获得洗浴时段分布相比，均存在洗浴晚高峰。不同的是，问卷调查所获的洗浴时段，没有出现洗浴早高峰，这可能存在以下两种原因：首先可能与系统形式相关，对于使用太阳能集中式系统的用户，会先根据自家水箱的温度来改变热水洗浴模式；此外，由于用户在问卷过程中，会自主选择频率最高的洗浴模式，而频率稍低的洗浴模式未能体现，因此通过长期在线监测获得洗浴时间分布更加精确，更加贴近用户真实的洗浴用热情况。同时，如何设计合理的系统形式和运行控制策略，来满足不同季节一天中不同时段的热水需求，是减少循环过程中热量损失，减少常规能源消耗的重点。

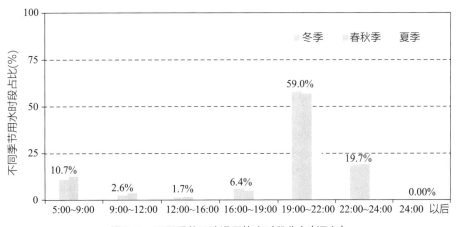

图3-6　不同季节日洗澡用热水时段分布（调查）

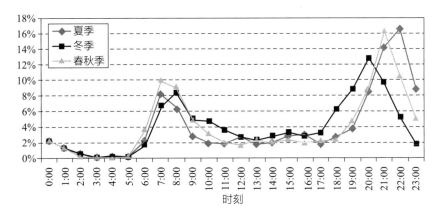

图3-7　不同季节日热水使用时间分布图（监测）

为了进一步了解居民用热水的时间规律，对 48 户居民各时段热水用量进行了实测跟踪，不仅包括洗澡用热水，还包括洗漱、做饭、洗碗等日常用热水，统计结果见图 3-8。可以看出早上 6：00～9：00、中午 11：00～13：00、晚上 17：00～22：00 是热水使用高峰，分别占到热水用量的 20%、18% 和 47%。

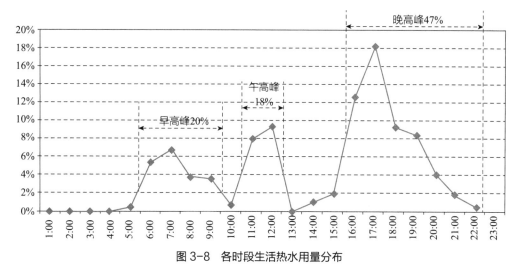

图 3-8　各时段生活热水用量分布

尽管用水时间相对集中，有近 61% 的居民表示需要 24h 连续供应热水。然而，在问及愿意支付多少钱获取 24h 热水时，57% 的居民给出的价格低于 15 元 /t，且其中有 41.9% 居民甚至只愿支付低于 10 元 /t 的价格，大大低于市场实际价格。出现这种情况，也反映出居民对热水实际价格是缺乏认识的，调查结果见表 3-2。

24h 热水需求与支付意愿表　　　　　　　　　　　　　　　　　表 3-2

是否需要 24h 热水	支付意愿（元 /t）				
	< 10	10～15	15～20	20～25	无概念
有必要	41.90%	15.42%	5.14%	2.37%	35.18%
不必要	44.44%	17.28%	6.79%	0.62%	30.86%

3.2.3　季节和气候区的规律

人们生活中主要的用热水方式为洗澡。洗澡次数、时长和花洒启停比例是描述洗澡行为的关键点，因此本节将从这三个方面对不同季节和不同气候区的用热水特点及规律进行分析。

（1）不同季节的洗澡用热水特点

调查结果显示，不同季节每周洗澡频率存在差异。如图 3-9 所示。冬季洗澡 4 次 / 周以下的人居多，1～2 次 / 周和 3～4 次 / 周占比分别为占 40.5% 和 38.6%；春秋季洗澡 3～4 次 / 周的人居多，占 50.4%；夏季每天都洗澡的人占到了 56.4%。

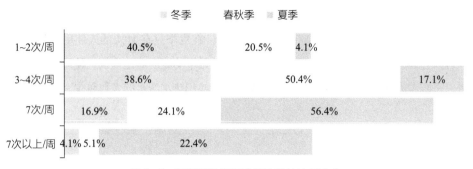

图 3-9　不同季节每周洗澡次数的比例分布

分析认为，不同季节的气温是导致洗澡频率差异的重要原因。从平均每周洗澡次数来看 [1]，夏季每周洗澡 6.7 次，随温度降低，秋、冬季每周洗澡次数逐渐减少，分别是 4.1 次、3.5 次。由此可知，平均气温越低，洗澡频率越低。即夏季到春秋季，再到冬季，每周洗澡多次（不低于 3 次 / 周）的人群逐渐减少。

调查发现，居民冬季洗澡用时在 10～20min 和 20min 以上的都占到 41% 左右，即超过80% 的人在冬天洗澡用时大于 10min；春秋季洗澡用时 10～20min 的最多，占 45.3%；夏季洗澡用时 5～10min 的最多，占 49.6%，如图 3-10 所示。

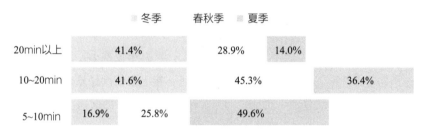

图 3-10　不同季节每次洗澡用时分布

整理分析，夏季平均每次洗澡用时 [2] 最短，只有 11min。随平均温度降低，春秋和冬季每次洗澡用时逐渐增多，分别达到了 15min 和 17min。温度的降低，使人们洗澡频率较低的同时，也让人们每次洗澡的时间更长了。

调查还发现，不同季节洗澡用热水温度也会呈现差异：夏季洗澡用热水温度低于其他季节，约为 37℃；冬季洗澡用水温度最高，约为 45℃；春秋季洗澡用水温度约为 41℃。季节气温越高，洗澡用热水温度越低，这与环境温度对人们体感舒适温度影响有着密切的关系，也说明人们对热水温度也较为敏感。个别受访者回答热水使用温度高于 50℃，这可能是其对水温的判断失准。

---

① 每周洗澡 1～2 次，按照 2 次计算；每周洗澡 3～4 次，按照 3 次计算；每天洗澡按照每周 7 次计算；每天洗澡多次，按照每周 10 次计算。

② 洗澡用时 5～10min，按照 5min 计算；用时 10～20min，按照 15min 计算；用时 20min 以上，按照 25min 计算。

夏热冬暖地区某省调查数据也显示了环境温度对人们热水使用需求量的影响。由于其气候炎热，当地居民适应气候条件选择舒适的用水温度，在夏季只有11%的人使用热水洗澡，见图3–11。对该省居民逐月使用热水洗澡人数比例与室外月平均温度对比发现，使用热水洗澡的人数与室外月平均温度变化趋势相反，即室外温度越高，使用热水洗澡的人数越少，两者呈负相关。

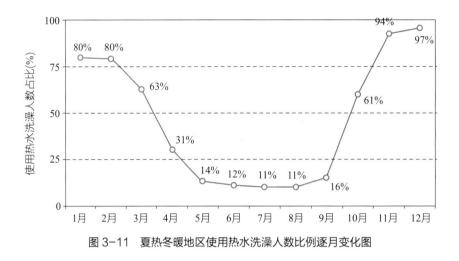

图 3-11　夏热冬暖地区使用热水洗澡人数比例逐月变化图

（2）不同气候区的洗澡用热水特点

不同气候区因年平均气温、气温年较差等差异，每周的洗澡次数呈现出不同特点，如图 3-12 所示。夏热冬暖地区长夏无冬，温度高湿度大，气温年较差小，每天洗澡一次或多次占绝大部分，平均每周洗澡 7.6 次，明显高于其他地区；接下来依次是夏热冬冷地区、温和地区和寒冷地区，每周洗澡次数分别是 5.2 次、4.4 次和 3.9 次，严寒地区居民洗澡次数最少（3.5次）。此外，严寒地区、寒冷地区、夏热冬冷地区温度随四季变化分明，气温年较差大，因此洗澡次数随季节变换更加显著，分布相对离散；温和地区冬温夏凉，气温年较差小，洗澡次数随季节变换相对趋于平稳。据此可知，在不同气候区间，气温越高每周洗澡次数越多。

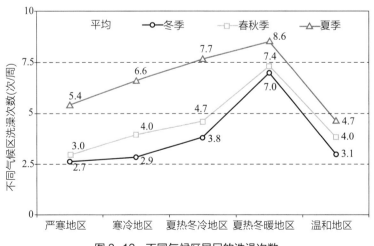

图 3-12　不同气候区居民的洗澡次数

　　从不同气候区看，严寒地区居民洗澡用时最长，夏热冬暖地区居民用时最短，见图 3-13。总体来说，温度越高的气候区，洗澡用时越短。这与前面就同一个地区不同季节洗澡用时的规律相近，气温对洗澡用时有明显影响。

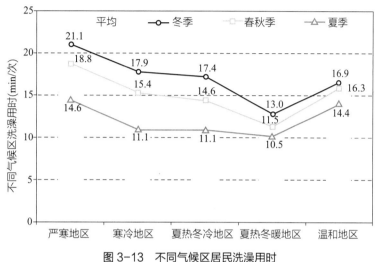

图 3-13　不同气候区居民洗澡用时

　　调查发现 91% 的人使用淋浴，1% 的人使用盆浴，8% 的人两种方式都有使用。可见淋浴是绝大多数人的选择。在使用淋浴方式洗澡时，从花洒开启时间占总洗澡时间的比例来看，23.4% 的人会一直开启，31.5% 的人会开启 70%～90%，30.6% 的人会开启 50%～70%，14.5% 的人开启比例低于 50%，见图 3-14。结合多次会议现场调查结果以及夏热冬冷地区走访调查的结果，花洒开启比例相对集中在 60% 左右，且不同季节和气候区间未见差异。

　　根据上述分析，季节与气候区的洗澡用水行为差异主要源于温度变化，气温是影响居民用热水习惯非常重要的因素，即温度高低与洗澡次数正相关，与洗澡用时、洗澡热水温度负相关。

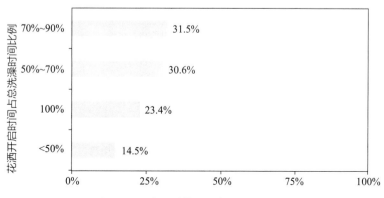

图 3-14　洗澡时花洒开启时间比例分布

3.3 热水的"量"与"质"

3.3.1 热水的"量"

（1）方法一：调查问卷与计算

人们每周的洗澡用水量由洗澡次数、洗澡用时、洗澡方式、花洒开启时间及流量决定，依据调查所得的洗澡次数、洗澡用时、花洒开启时间比例、花洒流量对每天洗澡用水需求量进行了测算。

$$V_r = v t_r \eta_r n / 7 \qquad\qquad （3-1）$$

式中

V_r——日均洗浴用水量，L/d；

v——淋浴器额定流量，L/min；

t_r——单次洗浴用时，min/次；

η_r——洗澡时淋浴器开启时间比例；

n——每周洗澡次数，次/周。

花洒开启时间占总洗澡时间的比例为 60%，根据《建筑给水排水设计规范》GB 50015 中的规定，住宅淋浴设施额定流量为 0.1L/s，故花洒流量采用 6L/min。估算结果见图 3-15，年平均洗澡热水用量是 32L/（人·d），考虑季节因素及气候分区，洗澡热水用量分布在 31～47L/（人·d）这一区间。从季节上看，夏季热水用量明显高于春秋季和冬季；从气候区看，夏热冬暖地区因洗澡次数多，洗澡用水需求量高于其他地区，其次是寒冷地区和夏热冬冷地区，严寒地区热水用量最低。有实测数据显示，北京市某采用集中式生活热水提供洗澡用水的住宅小区项目，年人均热水用量为 37L/d，与调查测算结果基本一致。另外，某高校在校学生洗澡用水量调查显示，学生热水用量 24 L/（人·d），女生热水用量略高于男生。

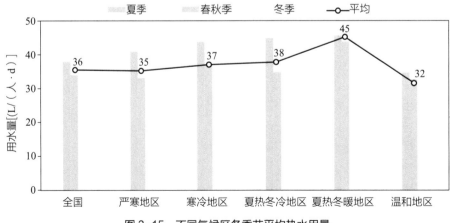

图 3-15 不同气候区各季节平均热水用量

综上所述，季节与洗澡次数、洗澡用时、洗澡用水温度的对应关系见图 3-16。其中，随着季节日平均气温逐渐降低，洗澡频率降低，洗澡用时延长、热水温度升高，即季节气温与洗澡次数正相关，与洗澡用时、洗澡用水温度呈负相关。

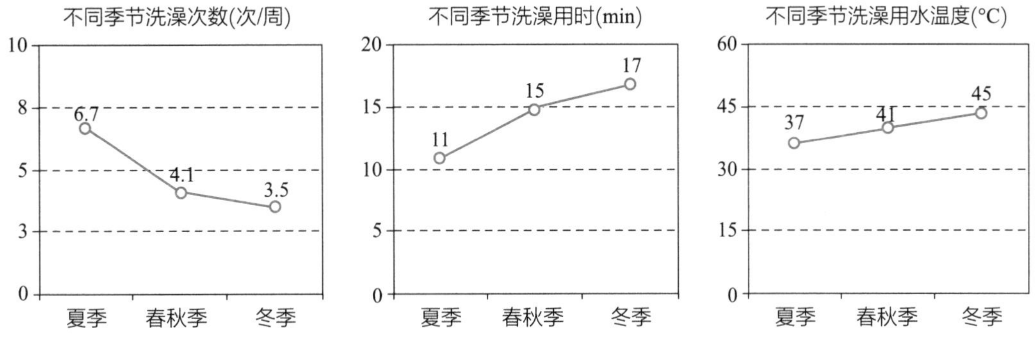

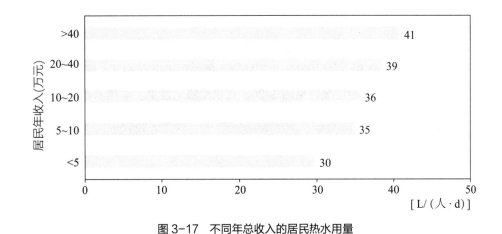

图 3-16　季节与洗澡习惯关系

对热水用量的调研结果进行梳理，发现热水使用方式是影响生活热水用量的主要因素。居民生活中在洗澡、盥洗、洗衣、厨房用热水（洗菜、清洗餐具等）以及打扫卫生等活动中都有可能用到热水，其中，洗澡用热水是最常见的使用方式，用量也占日常用热水量的主要部分。洗澡用热水量与洗澡用热水的频率和时长有关，不同人的使用频率从一天 2 次到三天或者更长时间 1 次，洗澡时长可以从 5min/ 次到 40min/ 次，不同人平均每日用热水差异可以到 10 倍以上。随着人们生活水平提高，热水用途也在不断丰富，增加热水用途，也意味着增加用量，乃至延长需要热水的时间。例如，当厨房清洗过程中也需要热水时，除了洗澡时段需热水外，准备三餐的时候也需要。

尽管人们对于热水价格不敏感，收入水平的高低与家庭热水用量也有一定关系。由图 3-17 可知，居民热水用量与居民经济收入呈正相关关系。即收入越高，人均热水用量相应增加。收入对生活热水用量的影响可能是节约意识，而居民对水价敏感。

图 3-17　不同年总收入的居民热水用量

（2）方法二：工程案例实测

在工程案例中，对用户实际用水量进行了检测，根据水表数据得到居民实际用水量，结果如表 3-3 所示。通过对比发现,调研所得数据与居民实际生活热水用量基本保持一致。居民日洗浴热水用量约为 32L/(人·d),在校学生洗浴热水用量约为 24L/(人·d),远低于相关标准。

综上所述,居民洗浴热水用量主要在 20~40L,混合后温度约为 38~43℃。

居民生活热水用量调查   表 3-3

调研结果	962 户	32L/(人·d)	洗浴用水
	高校学生	24 L/(人·d)	洗浴用水
实测结果	赤峰项目(6 户)	40.7 L/(人·d)	洗浴、厨房用水
	北京项目(594 户)	33 L/(人·d)	洗浴用水
	上海集中式项目(110 户)	34.9 L/(人·d)	洗浴用水
	上海分体式项目(60 户)	31.1 L/(人·d)	洗浴用水
	某高校公共男生浴室(968 人)	20 L/(人·d)	洗浴用水

3.3.2 热水的"质"

通过对调查结果的统计发现,居民最关注的是热水水温舒适性,其次是随用随有、经济性和水量充足。

(1)热水温度

用水舒适性包括水温适宜而且水温稳定,对家用热水器和集中式生活热水系统的评价进行调研:在水温适宜性方面,68.7% 的居民认为非常舒适,24.6% 的居民认为一般,不舒适(过热、偏冷)的比例占 6.8%;在水温稳定性方面,很稳定的占到 52.1%,一般的占到 38.1%,不稳定的占 9.9%。由图 3-18 和图 3-19 可知,集中式热水系统的水温适宜性略高于家用热水器,家用热水器水温稳定性稍好于集中式热水系统。集中式热水系统水温过热和偏冷现象,以及温度不稳定情况相对多一点。

在家用热水器中,电热水器的温度适宜性满意度最高,有 71.6% 的居民感到很舒适;其次是燃气热水器,占 65.9%;使用家用太阳能热水器的居民也有 61.8% 感觉很舒适,不过存在 5.9% 的居民认为偏冷的情况,见图 3-20。在水温稳定性上,电热水器表现更为突出,

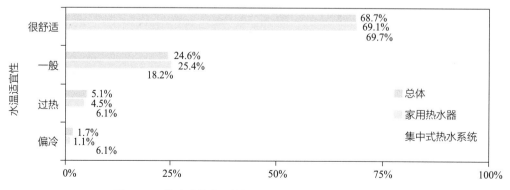

图 3-18 集中式热水系统与家用热水器的水温舒适性比较

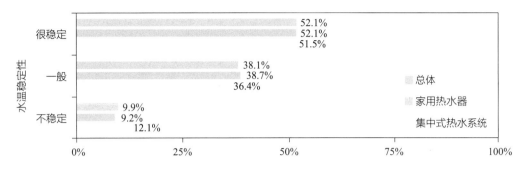

图 3-19　集中式热水系统与家用热水器的水温稳定性比较

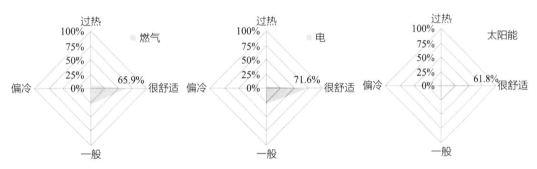

图 3-20　不同类型的家用热水器水温满意度

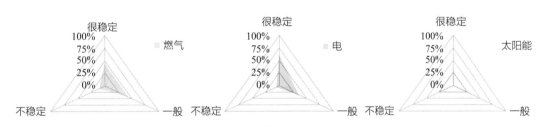

图 3-21　不同类型的家用热水器水温稳定性

明显好于燃气热水器和太阳能热水器，见图 3-21。

（2）用水等待时间

在使用集中式热水系统与家用热水器的受访者中，约有 88% 左右的受访者表示需要先放一些冷水才会有热水，其中集中式热水系统放冷水时间长一些，约 1.5min，家用热水器放冷水时间约 1min。

由此来看，从水温适宜性、水温稳定性和用热水等待时间等指标来看，家用热水器用水的舒适性较集中式热水系统更好。

3.4 热水供应方式和设备类型

3.4.1 热水供应方式和设备类型分布

据调查得知,91%的居民使用家用热水器独立供应生活热水,8.0%的居民为集中式系统供热水,约1.0%的居民使用其他热水设备或不使用热水设备,见图3-22。

家用热水器
集中式系统热水
其他(市政管网、工业余热利用等供应热水)

图 3-22 生活热水供应方式

在家用热水器中,大部分居民使用电热水器,占比52.9%;其次是燃气热水器,占比35.1%;太阳能热水器使用率为9.5%,相对较低。在集中式供热设备中,主要使用燃气供热,占比40.7%;其次是太阳能占29.6%,其中以电作为辅助热源的太阳能集中式生活热水系统居多,占18.5%。如图3-23所示。

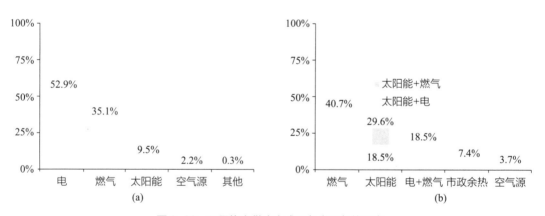

图 3-23 不同热水供应方式下各类设备使用率
(a)家用热水器;(b)集中式供热水系统

对于集中式热水系统,由于输配距离较长、循环时间长,有较大部分能耗损失在输配过程中。因此,集中式系统中用户实际使用每吨热水的能耗高于家用热水器,如果输配过程中的能耗损失大于太阳能集得的热量,每吨热水实际能源成本也会高于家用热水器。通过对45个使用集中式生活热水系统住宅小区的热水价格统计发现,热水价格10元/t以下的住宅小区占26.7%,10~20元/t占28.9%,20元/t以上占到11.1%,还有33.3%的居民不知道所用集中热水的价格,见图3-24。

为了全面了解居民使用生活热水的感受,在经济性、舒适性、便捷性上针对不同系统形式进行了分类比较。在集中式热水系统与家用热水器在经济性、舒适性、便捷性的综合比较中,家用热水器要好于集中式热水系统,尤其在舒适性和便捷性上优势更加明显,见图3-25。

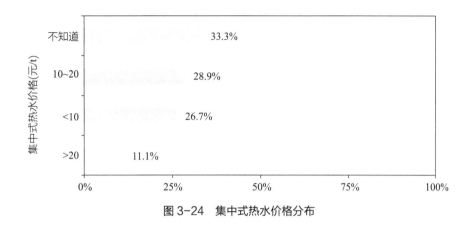

图 3-24　集中式热水价格分布

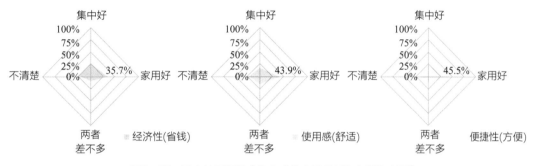

图 3-25　用户使用评价（集中式热水系统 VS 家用热水器）

在家用太阳能与燃气（电）热水器对比中，居民认为太阳能热水器在经济性上具有优势，但在舒适性和便捷性上与燃气（电）热水器相差较多，如图 3-26 所示。

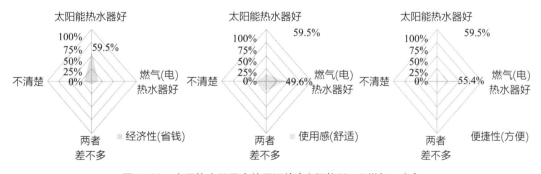

图 3-26　家用热水器用户使用评价（太阳能器 VS 燃气、电）

分析可知，集中式太阳能热水系统提升系统性能，降低能源成本，提高经济性、舒适性、便捷性等方面还有较大的空间。由于太阳能的非连续性以及集中式系统的循环损耗较大，如果不在节能和经济性方面体现优势，将难以被市场认可。

3.4.2 太阳能生活热水市场应用

（1）太阳能热水使用率及类型

对于太阳能热水的使用情况，调查结果显示：有 12% 的受访者使用太阳能。其中使用家用太阳能热水器的比重较大，占 86.3%，且集热器位于屋顶的比例占 76.5%，如图 3-27 所示。

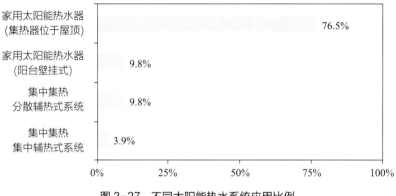

图 3-27 不同太阳能热水系统应用比例

（2）太阳能热水使用影响因素

在使用太阳能热水的用户中，多数是家用太阳能热水器且集热器位于屋顶，在选择使用太阳能热水器的原因调查中发现，多数居民因为太阳更环保、更省钱而选择安装家用太阳能热水器，如图 3-28 所示。

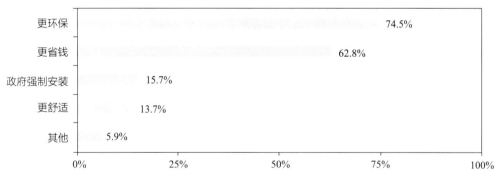

图 3-28 选择使用太阳能热水的原因

（3）家用太阳能热水器支付意愿

如图 3-29 所示，愿意支付 2000～4000 元购买家用太阳能热水器的受访者最多，占 42.2%；愿意支付 2000 以下购买家用太阳能热水器的占 18.6%；愿意支付高于 4000 元购买家用太阳能热水器的有 7.5%；而有 11.1% 的受访者不愿意购买家用太阳能热水器。此外，有超过 20% 的受访者对家用太阳能热水器的价格没有概念。

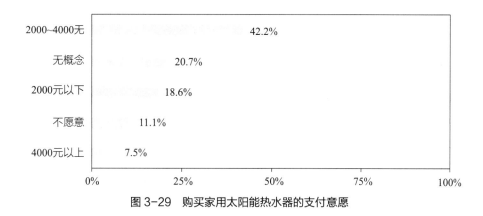

图 3-29 购买家用太阳能热水器的支付意愿

通过调查发现，在使用太阳能热水的受访者中，反映最多的问题是太阳能热水系统不稳定。表现为，一方面是夏天太热、冬天太冷，另一方面是阴雨天无法使用；受访者比较关注的另一问题是系统故障，主要是集热损坏、管路爆裂、冬天结冻等；此外，维修售后服务不好、辅助加热耗电多、水箱保温差等问题也在居民投诉的前列。

使用户满意、获得市场认可是发展太阳能热水技术市场的根本。面对上述问题，太阳能企业应积极调整自身发展路线，而不是依赖国家强制性安装政策，以低价的、劣质的产品或系统通过强制性安装项目来发展壮大；应该更加注重产品质量、系统运行实际效果，在保障用户体验的基础上，发挥利用太阳能降低能源成本的经济性优势，才有可能改变当前发展的困局。

3.5 基于调查结果的问题分析

3.5.1 设计用水量与实际用水量差异大

热水用水定额，通常指对于每人每天的用热水量的规定，以升为单位。根据实际用水数据发现，北京某小区人均用水量是 26.2～37L/d，赤峰某小区人均用水量是 40.67L/d（二者的差异体现在调查方式对用水量的影响），远低于《建筑给水排水设计规范》GB 50015 的日用水定额 60～80L/（人·d），用水量设计值偏大。此外，标准规范中热水负荷通常按照 60℃的热水温度给定，调查所得的用水量是基于 38～43℃的家用热水温度，综合考虑热水用量和热水温度两个参数，居民实际热水使用需求要远低于标准规范的规定。

调查结果显示出不同气候区的热水用量有显著差别，但现行的规范中，未对用水定额根据气候区进行划分。

集中供热水系统设计时采用较高用水量，但由于实际热水用量低，集中供热水系统的集中优势并没有体现；同时，由于管网结构设计不合理，沿程管道上损耗大量热量，导致能源的浪费情况严重。集中式生活热水系统低效运行致使运行方无法获得理想的收益，造成了多数项目亏损运营的现状。

用户需求调查数据、工程实测数据、各类规范给出的数据都是系统设计时的初始参考。

在进行具体工程设计时，应根据气候特征、建筑类型，用户用热水特点等，统筹考虑影响人均用热水量的各种因素，通过研究确定实际的人均用热水量，为太阳能热水系统的高效节能提供保障。

3.5.2 热水"质"有待提高

（1）适宜的供水时间

根据调查结果，洗澡主要集中在晚上，尤其是在冬季，有60%～80%的居民选择在晚上洗澡。因生活热水使用时间相对集中，在采用集中式生活热水系统提供日常生活用水的住宅小区，为提高能源利用效率，应优先选择晚上供水，尽可能避免管路无效循环的能源消耗和热量损失。但如何在水温和水量上保障夜间用水高峰的需求，降低常规能源消耗量，也是集中式生活热水系统设计要完善与改进所关注的。

（2）水温适宜性有待提高

在热水"质"方面，除了供水时间，居民最关注的是热水水温舒适性，其次是随用随有、经济性和水量充足。通过集中式热水系统与家用热水器的比较发现，集中式热水系统在水温适宜性与稳定性上均逊色于家用热水器。集中式热水系统与家用热水器普遍存在需先放一些冷水才会有热水的情况，其中集中式热水系统放冷水时间更长。只有好的用水体验，才能促使更多居民愿意使用太阳能热水。

3.5.3 热水价格有待合理化

使用家用电热水器加热1t水温升40℃时加热耗电约为46.2kWh，北京地区电价按0.48元/kWh计，1t热水的成本在22.5元。对于集中式太阳能热水系统，系统能耗中一部分用于制备热水，一部分损失在输配过程中，单位吨热水的能源消耗要高于家用热水设备。集中式太阳能热水系统因太阳能提供部分能量输入，减少了常规能源消耗，吨热水成本理应比完全依赖常规能源的热水系统要低。但依据调查结果，集中式太阳能热水系统的热水价格并未体现出良好的经济性，且有部分项目因水价过高出现了居民拒绝交费使用或者冬季不运行的情况。北京地区甚至出现了一住宅小区，按照太阳能热水使用率收费，热水价格最高相差近8倍。当使用率为80%时，每吨热水售价43.62元；当使用率为50%时，每吨热水售价66.49元；当使用率为30%时，每吨热水售价107.15元；当使用率为10%时，每吨热水售价310.46元。这样一来，集中式太阳能热水系统的经济性优势大打折扣，甚至还不如家用热水器，如此就很难获得市场认可了。

由此来看，根据居民用水量、用水特点，设计合理的系统形式和控制策略，使集中式太阳能热水系统在价格上具备竞争力，是提高居民对集中式太阳能生活热水认可，拓展集中式太阳能热水工程市场的必要举措。

第 4 章

居民生活热水系统
能耗研究

太阳能本身是一项免费能源，且有一套详尽的设计、检测和评价标准指导工程应用，太阳能保证率普遍在 60% 以上，有的甚至 100%，按道理说，应该具有良好的经济效益和应用反馈。然而，调研发现实际住宅集中式太阳能热水工程中存在较多的问题：用户反映热水价格较高，吨热水价格居高不下，明显高于家用电热水器制备热水成本；物业人员反映运营成本高、热水水价高、向用户收费困难；开发商发现用户对太阳能热水认可度不高，为应对强制安装政策，甚至租赁太阳能热水器以应付工程验收等等。这些问题实际跟系统运行能源成本有着密切的关系。热水价格的高低对太阳能市场影响大，辅助能耗在很大程度上决定热水价格。本章将针对当前几种常见的太阳能热水系统形式，选取一些实际运行的太阳能热水项目开展能耗检测，以分析造成当前系统诸多问题的原因。

4.1 能量平衡法

4.1.1 "两进两出"热量平衡关系

太阳能热水工程通常由太阳能集热器、贮热水箱、辅助能源加热设备、控制系统、水泵和连接管道等设备组成。从进出系统能量平衡的角度看，能量输入包括集热系统得热量和辅助能源加热量两项，能量输出包括末端用户用热量和系统散热量两项，系统热量可以表达为"两进两出"能量平衡关系，如图 4-1 所示。

图 4-1　太阳能热水系统"两进两出"能量平衡图

以上四部分能量满足如下平衡方程：

$$Q_s + Q_f = Q_u + Q_p \qquad\qquad (4-1)$$

其中，各部分热量的物理意义可概括为：用户用热量是系统需要保障的对象，减少辅助能源加热量是利用太阳能制备热水的核心目的，增加太阳能集热量是减少辅助能源加热量的措施，系统散热量影响着实际节能的效果。具体来看：

集热系统得热量由太阳能集热器（真空管或平板式）吸收太阳能热，转化为存储在集热器中工质的热量，继而与贮热水箱中水换热制备热水。集热系统的热量受太阳能辐照强度、集热效率和贮热水箱换热控制策略等因素影响。

由于太阳能资源不稳定，该部分供热量受天气影响较大。当天气为多云或阴天，太阳辐射不足以满足系统生活热水的供热要求时，系统需要辅助热源来提供热量。根据辅助热源的位置不同，可以将系统辅助能源加热分为集中辅热和分散辅热两种形式。辅助能源消耗量是评估系统节能效果的关键指标，辅助能源消耗越少，系统才真正达到节能效果。

用户侧热水使用包括直接式系统和间接式系统两种：对于直接系统，热水通过管井立管、支管流至用户，直接为用户所用；对于间接系统，热水作为换热介质流至用户，在户内水箱换热盘管中流过回到回水管，在此过程中与户内水箱中的水换热，达到加热水的目的。

系统中这一部分热量即为末端用户用热量。

尽管太阳能热水工程系统通常有较好的保温，管井也相对密封，但是在系统运行时仍有较多的热量散失。一方面，系统供水循环管内热水与管外空气温差较大，且为满足用户的使用需求，大多集中式热水系统采用 24h 循环的运行模式，导致系统管路循环散热量巨大。尤其对于多层住宅小区的集中式热水系统，管网热损失占用户耗热量的比例可达 70% 以上。另一方面，由于贮热水箱中水温较高，会有一部分热量通过水箱散失。系统散热量包括管路循环散热量和贮热水箱散热量两部分，与系统的控制策略、运行模式以及末端用水量相关，影响集中式太阳能热水系统的节能效益与运行效果。

结合系统各部分构件，太阳能热水系统中能量流动示意如图 4-2 所示。确定太阳能热水系统的热量平衡关系，是分析系统运行能耗情况的基础。由于一些工程的实际条件，四部分热量往往不能直接获得，热量平衡关系也为找出系统运行能耗问题提供理论支撑。

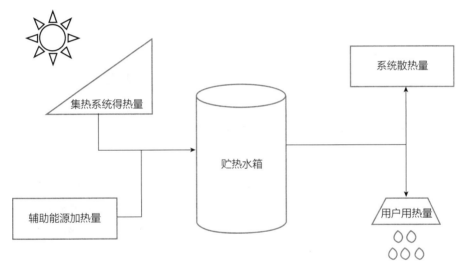

图 4-2　太阳能热水系统能量流动示意图

4.1.2　太阳能热水系统形式与能量分析条件

不同的系统形式对系统的能量分析方法有一定的影响，本章先分析太阳能热水系统形式，再从集中集热集中辅热式太阳能热水系统、集中集热分散辅热式太阳能热水系统两种常见的系统的实际工程情况，讨论能量检测分析条件。

（1）系统形式

实际工程中，由于系统规模、各部件的位置、产品种类、热源类型和供热水方式的差异，系统形式有较大差异：

1）系统规模：有提供住宅楼多个用户的，也有某个用户自行安装的，可以分为集中式和分散式；

2）辅助热源类型和位置：热源类型包括直接电热、燃气加热或热泵加热等；对于集中系统而言，热源位置通常有位于集中水箱处（集中）和位于用户家中（分散）两种；

3）供热水方式：系统制备的热水直接供应给用户使用（直供式），集中系统制备的热水经过用户家中换热器换热后，用户侧再进行使用（取热式）；

4）集热器类型：当前市场较常见的有真空管集热器和平板式集热器两种；

5）末端是否有水箱：根据末端是否有水箱储热，可以分为即热式和贮热式两种。

6）循环方式：集中生活热水用户侧主干管循环方式是影响系统能耗的重要因素，其中包括24h连续循环、每天定时段循环、温差控制循环以及呼叫式供水等方式。

当前常见的太阳能热水系统不同分类可以归纳为表4-1。

常见太阳能热水系统分类　　　　　　表4-1

规模	辅热位置	供水方式	产品类型		水箱		循环方式
			集热器	热源	集中水箱数量	末端有无水箱	
分散式	—	直供式/取热式	真空管/平板	电/燃气/热泵	单水箱	贮热式	—
集中式	集中/分散	直供式/取热式	真空管/平板	电/燃气/热泵	单水箱/双水箱	即热式/贮热式	24h/定时段/温差/呼叫式

（2）系统能量检测分析条件

集中集热集中辅热式太阳能热水系统即指集中集热集中贮热式太阳能热水系统，是指太阳能集热器、贮热水箱、辅助加热设备全部集成化，统一安装集热器，统一设置集中贮热水箱及辅助加热设备，然后将热量分配至各用水终端的太阳能热水系统。其结构如图4-3（a）所示。

集中集热集中辅热式系统中，传热工质流经太阳能集热器，吸收太阳辐射中的热能，循环至集中贮热水箱中。此时，当贮热水箱中的热水满足供水要求时，用户侧的供水泵开启，将贮热水箱中的热水循环至末端用户处；当贮热水箱中的热水不满足供水要求时，集中贮热水箱中的辅助加热设备开启，将贮热水箱的水加热到设定温度后，再提供用户的生活热水用水。由于集中集热集中辅热式太阳能热水系统的辅助热源设置在楼顶贮热水箱中（旁），因此其辅助能源加热量相对较容易测算。若是电辅助加热系统，只需直接用电表测得辅助加热设备的耗电量，或用万用表测得辅助加热设备的功率结合运行时间计算出耗电量即可；若是燃气辅助加热系统，只需测得燃气耗气量即可。

集中集热分散辅热式太阳能热水系统即指集中集热分户储热式太阳能热水系统，是指太阳能集热器集中、统一规划安装于建筑物屋面部分。贮热水箱、辅助加热系统按终端用户为单位独立设置的太阳能热水系统。其结构示意图如图4-3（b）所示。

集中集热分散辅热式系统中，传热工质在集热器中吸收热量后流至贮热水箱，供水时间段内，传热工质在用户侧供回水管段中不间断循环，以保证用户用水需求。由于辅助加热设备设置于户内小水箱中，当户内水箱中的水温不能满足用户用水需求时，辅助能源加热设备开启，加热户内水箱中的水以供给用户使用。由于集中集热分散辅热式太阳能热水系统的

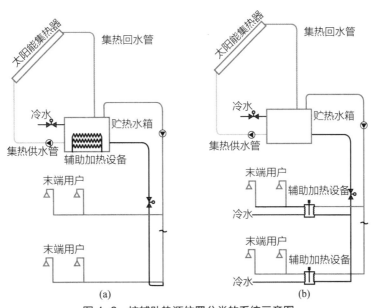

图 4-3　按辅助热源位置分类的系统示意图
（a）集中集热集中辅热式系统；（b）集中集热分散辅热式系统

辅助热源设置于末端用户的户内水箱中（旁），而每户的辅助热源开启运行策略各不相同，且若要测量辅助能源耗能量需要入户，因此对于集中—分散系统辅助能源耗能量的测算工作相对较为困难。

4.1.3　太阳能热水系统能量分析方法

实际工程中，往往难以直接获得上述热量平衡中四部分热量。分析各部分热量：①集热系统得热量主要由集热面积、集热效率、太阳辐照量和安装角度等因素决定，集热面积越大、效率越高和辐照量越大则太阳能集热量越大。集热效率随着集热器中介质温度升高而降低；②用户用热量由所使用的热水用量决定。用户用热量可以由用户用水量乘以热水和冷水之间的温差得到；③系统散热量包括管网散热和贮水箱散热，受热水温度与环境温度的温差，管网规模及保温性能以及热水在管网中循环时间等因素影响，温差越大、规模越大、保温性能越差、循环时间越长都将使得系统散热量增加；④辅助能源加热量是系统为维持供热水温度而提供的，用户用热量或系统散热量增加，会使得辅助能源加热量需求增加。

由此来看，各部分热量可以通过设备设施物理性能、现场实测数据计算分析获得。

（1）集热系统得热量

集热器的得热量与太阳辐射强度、集热器面积、集热器效率等相关，假设在理想工况下，集热器以标定效率运行，则集热系统得热量可按下式计算：

$$Q_s = \left(\sum \phi\right) A_c \eta_{cd} t = \sum \left(\phi' + \phi'' \cos \frac{\pi}{4}\right) A_c \eta_{cd} t_c \tag{4-2}$$

式中　Q_s——集热系统得热量，kJ（W）；

A_c——集热器总面积，m^2；

ϕ——集热板总辐射，W/m^2；

     ϕ'——散射辐射，W/m^2；

     ϕ''——直射辐射，W/m^2；

     t_c——时间步长，s；

     η_{cd}——集热器的标定集热效率，根据集热器产品的标定集热效率确定，经验值通常在
        0.25～0.50 之间。

    在实际工程中，对集热系统得热量也可以采用热量表进行测量，热量表的温度和流量传感器应安装在集热器阵列的主管道上。也可采用分别测量流量、温度后再计算的方法。

    （2）辅助能源加热量

    太阳能热水系统往往设有辅助能源加热设备，在太阳辐射较弱、不足以满足系统负荷需求时提供热量。

    对于集中集热集中辅热的太阳能热水系统，辅助能源热量与辅助加热设备的控制策略、运行模式密切相关，可在集中辅热热源处直接测得这一部分的热量。由于各个实际工程辅助热源加热设备的运行满足一定的控制策略，因此可以通过具体工程、具体控制策略及运行模式计算出辅助热源的启停时间，从而计算得出辅助加热设备的运行时间，通过下式计算：

$$Q_f = \frac{Pt_f}{3.6} \qquad\qquad (4-3)$$

    式中 Q_f——辅助能源加热量，kJ（W）；

           P——辅助加热设备功率，W；

           t_f——辅助加热设备开启时间，h。

    对于采用燃气作为辅助热源的太阳能热水系统，则通过测量燃气耗气量来计算辅助能源加热量。

    对于集中集热分散辅热的太阳能热水系统，辅助能源加热量与各个用户对辅助热源开启、运行时间的设置密切相关。不同用户辅助热源的运行时间也不同，无明显的规律性，因此这部分能量可以通过太阳能热水系统能量平衡方程来确定。在能量计算过程中，先测量或计算其他三部分能量，再通过"两进两出"的能量平衡关系计算出辅助能源加热量。

    （3）用户用热量

    目前，末端用户用热量的测量根据为《国家可再生能源建筑规模化应用示范项目测评报告》中的方法，即用户生活热水耗能量是通过在供给用户的生活热水管上安装热量表进行计量测量。但是，应用这种方法测得的末端用户累计耗热量中包含了管路循环的损失热量，因此，以此方法来反映用户生活热水耗能量缺乏一定的准确性。此外，在检测的过程中检测人员往往采用放水的方式模拟用户用水，不能反映用户实际用水的情况。

    在太阳能热水系统中，末端用户用热量与人的使用情况密切相关，主要指用户用热水的温度、用热水的量。根据第 3 章热水使用方式调研的结果来看，大部分居民用热水量在 32L/（人·d），结合实际工程案例中用户数量、入住率等参数，辅以调查，可以估算系统中末端用户用热量的大小。

（4）系统散热量

太阳能热水系统可分为集热系统与供热系统两部分，在系统运行过程中，集热系统的热量损失主要为集热器、集热循环管路和贮热水箱的热损失；供热系统的散热量主要为用户侧供水循环管道的热量损失。

太阳能热水系统循环管路主要包括集热系统（即集热器与贮热水箱之间的）循环管道以及供热系统（即贮热水箱与用户之间的）循环管道。在系统运行过程中，高温工质在循环管道中不断向外散热，造成了太阳能热水系统的能量损失。根据传热学的知识，管道单位面积的热损失可按下式计算：

$$q_{p,p} = \frac{T_w - T_a}{\frac{D_o}{2_\lambda} \ln \frac{D_o}{D_i} + \frac{1}{a_0}} \tag{4-4}$$

式中　$q_{p,p}$——管路单位表面积的热损失，W/m^2；

　　　T_w——设备及管道外壁温度，℃；

　　　T_a——周围环境的空气温度，℃；

　　　D_o——管道保温层外径，m；

　　　D_i——管道保温层内径，m；

　　　a_0——表面放热系数，W/（m^2·℃）。

因此，管路的热损失为：

$$Q_{p,p} = q_{p,p} A_p \tag{4-5}$$

式中　A_p——循环管路散热面积，m^2。

根据贮热水箱的保温材料与保温层厚度，可按下式计算贮热水箱单位面积的热损失：

$$q_{p,t} = \frac{T_t - T_a}{\frac{\delta}{\lambda} + \frac{1}{a_0}} \tag{4-6}$$

式中　$q_{p,t}$——贮热水箱单位表面积的热损失，W/m^2；

　　　T_t——贮热水箱水温，℃；

　　　δ——保温层厚度，m；

　　　λ——保温材料的导热系数，W/（m·℃）；

　　　a_0——表面放热系数，W/（m^2·℃）。

因此，贮热水箱的热损失为：

$$Q_{p,t} = q_{p,t} A_t \tag{4-7}$$

式中　A_t——贮热水箱的面积，m^2。

综上，在系统运行过程中，系统的总热量损失为：

$$Q_p = Q_{p,s} + Q_{p,p} + Q_{p,t} \tag{4-8}$$

式中　$Q_{p,s}$——集热器的热损失，w；

　　　$Q_{p,p}$——循环管路的热损失，w；

　　　$Q_{p,t}$——贮热水箱的热损失，w。

根据实际的工程检测，由数据发现，系统的总热量损失占整个系统得热量的70%甚至更高，有些工程中可达80%。其中，通过集热器、集热循环管路和水箱散失的热量，即集热侧的热量损失仅占整个系统散热量的10%～25%。相比于用户侧供水循环管道的热量损失比例很小，所以分析系统散热损失时，可以重点分析用户侧循环管道的热量损失。

对于直接系统，计算管道循环散热量时，可以视为贮热水箱的供热量与用户的用热量之差：

$$Q_{p,p} = Q_{ts} - Q_u \quad\quad (4-9)$$

式中 Q_{ts}——贮热水箱供热量，W。

对于间接系统，计算管道循环散热量时，可以将贮热水箱的供热量减去末端用户的换热量：

$$Q_p = Q_{ts} - Q_{ht} \quad\quad (4-10)$$

式中 Q_{ht}——末端用户换热量，W。

4.1.4 小结

对于集中式太阳能生活热水系统，根据系统各部分能量平衡，建立方程如下，作为能耗模型的理论依据。

$$Q_s + Q_f - Q_p - Q_u = 0 \quad\quad (4-11)$$

式中 Q_s——集热系统得热量 kJ（W）；

Q_f——辅助能源加热量 kJ（W）；

Q_p——系统散热量，kJ（W）；

Q_u——用户用热量 kJ（W）。

太阳能热水系统工程能耗模型中，集热系统得热量可根据当地典型年气象参数中逐时太阳辐射强度、集热器面积、集热器集热效率估算得到；末端用户用热量可根据调研得到的数据建立用户典型用水模型计算得到；根据工程实际管道热性能参数（例如管长、管材、保温材料、管径等）和运行策略，可以建立模型计算得到系统散热量；进而根据系统能量平衡式计算出系统辅助能源加热量，评价系统的实际节能效益。对于集中集热集中辅热式系统，还可以通过检测辅助能源加热量来校核"两进两出"的能量平衡关系。

基于以上分析，可利用能量平衡与相关计算模型来评估太阳能热水系统实际的应用效果及节能情况。

4.2 能量平衡法的验证

为检验上述能量平衡方法的可靠性，选取了北京市丰台区某住宅小区太阳能生活热水系统工程案例进行了详细的检测分析，应用上面的分析方法和实际检测数据进行校验论证。

（1）工程概况

该居民小区安装的是强制循环集中集热集中辅热式太阳能热水系统，选取其中某栋的热水系统进行检测分析。该栋住宅楼共19层，一梯8户，有148户居民使用该系统，工程案例的外景见图 4-4 所示。

系统形式：集热侧采用平板式太阳能集热器，集热面积为 242m²，利用支架摆放在屋顶，倾角是 42°，如图 4-5 所示。屋顶机房配置有集中贮热水箱，容积为 25m³，40kW 燃气壁挂炉锅炉以及一台 700W 的定频水泵，用于维持系统集热侧、系统辅热侧及系统供热侧的多个循环。

控制策略：系统形式为直接式系统，集热侧采用温差循环的策略，当集热器与水箱间的温差大于 7℃时，集热循环泵自动开启；当二者温差小于 2℃时，集热循环泵停止运行。供热侧采用 24 小时强制循环策略，恒温供水，夏天水温维持在 40℃，冬天水温维持在 42℃。补水策略采用温度和水位双控制策略，当贮热水箱液位低于容积的 20% 时无条件开始补水，当液位达到保证高度，为容积的 40% 时停止上水。在此过程中，为保持水箱恒温，会不间断启动燃气壁挂炉进行辅热；当水箱温度高于 45℃时，补水管自动向水箱内直接补充冷水，维持温度恒定，当水箱被加满后停止补水，集热侧暂停循环。辅助加热侧采用温度控制，当水箱温度低于设定温度时，对水箱内的水或补水管冷水直接加热，以维持水箱温度恒定。因集热器无法排空，为防冻此系统，集热侧仅在非采暖季使用，在采暖期采用机房内的燃气壁挂炉保证生活热水供应。

图 4-4 北京丰台某小区太阳能热水系统实景图

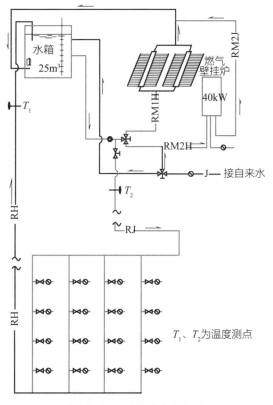

图 4-5 太阳能热水系统图

（2）检测方案

为了研究该太阳能热水系统的能耗，首先要获得集热系统得热量、辅助能源加热量、用户实际用热量和系统散热量的数据，然后进一步计算四者的比例关系。各项热量检测方法如下：

1）集热系统得热量

根据太阳能热水器集热的热学原理，在已知集热面积、安装角度、集热效率和该工程集热器安装环境的情况下，通过全年气象参数（温度、直射辐射和散射辐射强度等），能够计算出该集热器全年集热量。计算公式参见式（4-2）。其中，全年气象参数可以通过气象部门获得。相比于现有检测方法中对系统集热量的估算方法,此方法为全年动态热模拟方法,能够获得更为可靠的系统全年集热量。

2)辅助能源加热量

当太阳辐射不足以满足系统生活热水的供热要求时,太阳能热水系统需要消耗常规能源提供热量。

此案例常规能源为燃气,在屋顶的机房内有一台燃气壁挂炉承担辅助加热,以维持水箱供水温度,安装有相应的燃气用量表。在计算常规能源加热量时,只需读取燃气用量数据,结合燃气的热值,即可获得系统的辅助能源加热量。图 4-6 为 2010 年 3 月 25 日至 2010 年 11 月 17 日检测期间,系统天然气日消耗量。

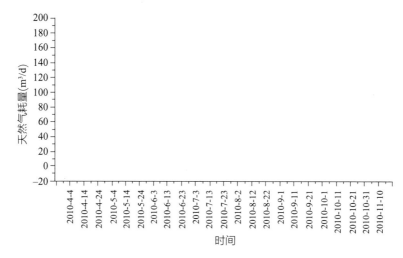

图 4-6 太阳能热水系统日消耗的天然气量

根据现有 2010 年除采暖季燃气总量,结合式(4-12)可得,全年系统运行时燃气消耗量。

$$Q_g = qV_g\eta_g \qquad (4-12)$$

式中 Q_g——消耗燃气的热量,kJ;

V_g——消耗燃气的体积,m^3;

q——燃气热值,kJ/m^3;

η_g——燃气燃烧效率,%。

3)用户用热量

用户用热量,可以根据系统中用热水的居民人数、每人热水用量以及热水温度和系统补水温度之间温差等参数计算得到,见式(4-13):

$$Q_u = cpV\triangle T \qquad (4-13)$$

式中 c——水的比热容,取 4.2 kJ/(kg·℃);

ρ——水的密度,取 1000kg/m^3;

V——生活热水用量，L；如图 4-7 所示为检测期间 15 号楼生活热水逐日消耗量；

ΔT——用户使用生活热水水温与冷水温度之差，℃。其中冷水温度根据《建筑给水
排水设计规范》GB 50015 应以当地最冷月平均水温资料确定。

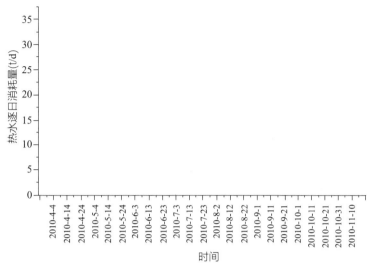

图 4-7　检测期间 15 号楼生活热水逐日消耗量

4）系统散热量

使用温度自记仪，布点在贮热水箱出口水处的管段上、贮热水箱进口处管段上、井管
处。此处，假定贮热水箱出口水处的管段温度值近似等于贮热水箱出口水处温度，如系统
图 4-5 测点所示。

使用超声波流量计布于用户侧循环管路上，按照检测方案分别于一天中的四个时段（早
上、中午、下午和晚间）读取一组流量数据作为计算依据，平均流量值为 140L/min。

方法一：能量平衡法

由公式（4-2）可知，在得到前面三部分热量的情况下，由能量平衡即可得到系统散
热量。

方法二：圆筒壁散热模型法

根据现场调研情况，供水管使用镀锌钢管，管径为 $DN50$，入户侧管径为 $DN25$。保温
材料具体情况如下：

保温材料　　　　　　　　　　　　　　　　　　　　　　　　表 4-2

材料名称	厚度（mm）	导热系数 [W/（m²·℃）]
外保温—黑色橡塑	3	0.04
内保温—离心玻璃棉	15	0.0325

利用圆筒壁散热模型的公式：

$$q_l = \frac{(T_w - T_f)\pi}{\frac{1}{2hr_1} + \frac{1}{2\lambda_1}\ln\frac{r_2}{r_1} + \frac{1}{2\lambda_2}\ln\frac{r_2}{r_1}} \quad (4\text{-}14)$$

式中　q_l——单位管段的散热量，W/m；

　　　T_w——设备及管道外壁温度，℃；

　　　T_f——管井空气温度，℃；

　　　h——对流换热系数，W/（m²·℃）；

　　　r——管道半径，m；

　　　λ——管壁导热系数，W/（m²·℃）。

将循环立管分层分段来计算，公式如下：

$$Q_p = Q_{p,p} = q_l l \quad (4\text{-}15)$$

式中　Q_p——循环管路的散热量，W；

　　　q_l——单位管段的散热量，W/m；

　　　l——循环管路总长度，m。

系统管路热量耗散两种方法的计算结果见表4-3。

不同方法散热比较　　　　表4-3

检测方法	系统散热量（GJ）
方法一：能量平衡法	458.0
方法二：圆筒壁散热模型法	396.5

方法一的散热较大，主要因为能量平衡方法考虑到的，是整个系统的散热损失，包括水泵热量耗散、集热侧管道循环散热量以及水箱本身的散热。

方法二利用圆筒壁模型计算出的散热量应该是最接近管路循环散热量真实值的，但是机房内的供水和回水管道未保温的部分散热没有考虑进去，即方法一和方法二差值部分，占比约为13.4%。

（3）检测结果

根据上面所述的方法一能量平衡，可得到以下四部分检测计算结果，见表4-4。

计算结果汇总　　　　表4-4

系统得热量（GJ）	集热系统得热量	406.1
	辅助能源加热量	456.0
系统散热量（GJ）	用户用热量	408.0
	系统散热量	458.0

通过散热量数据，说明该系统管网热损失较严重，加强系统的保温措施，可进一步降低系统运行能耗。

4.3　居民生活热水系统运行能耗实测

为了更准确地刻画太阳能热水系统的实际节能效果，随机选取 2 个集中集热集中辅热式、1 个集中集热分散辅热式太阳能热水系统工程进行检测。此外，对几户典型户用阳台壁挂式太阳能热水系统和户用电热水器进行了能耗检测，比较分析太阳能热水系统的实际运行效果和节能效益，工程基本信息如表 4-5 所示。

实测工程基本信息表　　　　　　表 4-5

地点	系统形式	集热面积（m²）	循环方式	辅助热源	户数
北京	集中 – 集中	350	24h	地源热泵	72
赤峰	集中 – 集中	46	分时段	电加热	26
天津	集中 – 分散	64	分时段	电加热	36

4.3.1　集中集热集中辅热式系统能耗检测

（1）赤峰市某太阳能集中式热水系统

1）工程概况

该工程为赤峰市某住宅小区太阳能生活热水系统工程，小区内共 16 栋楼，46 单元，总户数为 984 户，平时入住率为 60%～65%，节假日可达 70%，用水用户 700 户左右，每单元楼房对应一套强制循环集中集热集中辅热式太阳能生活热水系统。选取小区内某栋楼其中的一个单元的太阳能生活热水系统作为检测对象，该单元有 13 层共 26 户，系统形式如图 4-8 所示。

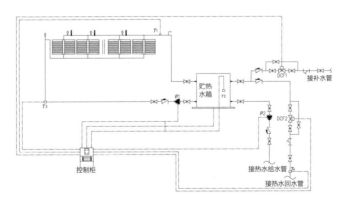

图 4-8　赤峰市某小区集中集热集中辅热式太阳能热水系统图

集热系统采用真空管型太阳能集热器，布置于各单元屋顶；屋顶机房内设置有集中贮热水箱，水箱内配备有电加热设备，管路防冻系统采用电加热（5~15℃），系统各部件参数见表4-6。该系统为直接系统，热水主要用于洗浴、洗衣、洗菜等。放置于楼顶的真空管太阳能集热器吸收太阳辐射后对集热器内的水进行加热，集热器和贮热水箱之间采用温差循环，当集热器与水箱间的水温温差达5℃时，集热循环泵开启，将集热器中的高温热水输送至贮热水箱内，并从贮热水箱中把低温热水输送至集热器继续进行加热。贮热水箱中设置电加热辅助加热设备，当水箱内水温低于设定温度值时开启辅助热源，该小区保持水箱最低温度为45℃。

系统部件参数 表4-6

名称	型号规格	数量及安装位置
太阳能集热器	全玻璃真空太阳集热管	集热面积45.6m^2，置于屋顶
水箱	贮热水箱，容积4m^3	1个，置于屋顶机房

该太阳能热水系统按季节分不同时段供水，如表4-7所示。4月中旬至8月底赤峰地区日照充足，全天24h供热水；8月底至10月中旬，在早中晚三个时段供水，具体时间段分别为：早上6:00~8:00，中午11:30~13:30，晚上17:00~22:00；10月中旬至次年4月15日为赤峰地区供暖期，在这期间太阳辐射强度较弱，小区仅在晚间时段供热水。

检测对象全年生活热水供应策略 表4-7

时间	策略
4月16日~8月31日	全天24h
9月1日~10月15日	早上6:00~8:00 中午11:30~13:30 晚上17:00~22:00
10月16日~次年4月15日	晚上17:00~22:00

2）检测方案

为了研究该太阳能热水系统的能耗，首先要获得集热系统得热量、辅助能源加热量、用户实际用热量和系统散热量的数据，然后进一步计算四者的比例关系。据此确定了如下检测和计算方法。

集热系统得热量检测参数包括集热器进出口水温、水流量，在系统中布置相应测点，用超声波流量计、温度自记仪分别记录流量和温度，如图4-9所示。计算原理如式（4-16）所示：

$$Q_{sh} = c\rho V_s \Delta T_s \qquad (4-16)$$

式中　Q_{sh}——太阳能集热系统小时得热量，kJ/h；

　　　c——水的比热容，取 4.2 kJ/（kg·℃）；

　　　ρ——水的密度，取 1000 kg/m³；

　　　V_s——流经集热板的水流量，m³/s；

　　　ΔT_s——集热器进出口温差，℃。

通过计算立管热损失来刻画系统管道散热损失，并按照如下方法计算，即检测一天中贮热水箱进出口水温的变化及供水立管水流量，按下式计算检测当天的立管热损失：

$$Q_{hl} = c\rho V_2(T_3 - T_4) \qquad (4-17)$$

式中　c——水的比热容，取 4.2 kJ/kg·℃；

　　　ρ——水的密度，取 1000 kg/m³；

　　　V_2——立管水流量，m³/s；

　　　T_3——贮热水箱供水出口水温，℃；

　　　T_4——贮热水箱回水进口水温，℃。

该小区提供了居民的生活用水记录，可得知居民的用水量，通过水量与温升进行用热量计算。

辅助能源加热量，因未单独计量，无法得到，但可通过系统能量平衡关系计算得到。

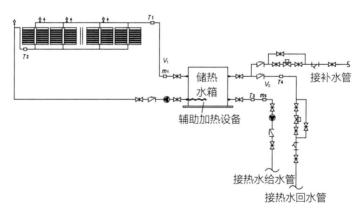

图 4-9　系统测点图

在现场检测中，主要对该系统的循环流量和水温进行测量。所用的仪器是超声波流量计和温度自记仪。超声波流量计用于测量生活热水供水管流量大小，采用多次测量取平均值的方法来提高检测数据的准确性。温度自记仪安装在生活热水供水管管壁上，以黄油加强温度探头与管道的接触，逐时记录热水管道温度变化情况，该设备每 5 分钟记录一次温度数据。另外对一些系统的水泵功率进行了检测，所用仪器为钳式功率计。通过测量三相电的电流和电压，得到所测设备的功率值。

具体的检测内容包括：

①太阳能辐照量、室外温度；

②集热器水流量及各集热器进出水温度；

③贮水箱水流量及进出水温度；

④系统补水量及补水温度；

⑤辅助加热系统开启策略及功率（耗能量）；

⑥集热泵和热水循环泵开启策略及功率。

检测方案 表 4-8

检测项目		仪器	备注
太阳辐射数据		—	根据相关监测数据获得
集热器	水流量	流量计、卷尺	每一个集热器都需测其进出水温度
	进水温度	温度计	
	出水温度	温度计	
贮水箱	水流量	流量计、卷尺	
	进水温度	温度计	
	出水温度	温度计	
补水	温度	温度计	
	补水量	—	咨询物业
辅助热源	能耗	功率计	燃气热水器则测单次洗澡燃气耗量
水泵	集热泵功率	功率计	
	热水循环泵功率	功率计	

使用温度自记仪测得室外温度、水箱补水温度、水箱侧供回水温度。使用超声波流量计测得循环流量。由水箱侧供回水温度和流量可计算得到水箱出热量；由补水温度、热水温度和用户用水量可计算得到用户用热量。

3）检测结果

图 4-10 为检测期间供回水温度和室外温度逐时变化曲线，图中深蓝色曲线代表生活热水供水温度，黑色曲线代表生活热水回水温度，浅蓝色曲线为实测室外温度。根据图中供回水温度变化情况，可以发现每天温度波动情况基本相同，都是在上午吸收太阳辐射，温度升高，温度升高到最大值后，由于太阳辐射减弱以及系统散热等原因，温度出现下降，到第 2 天继续类似循环，但温度基本保持在同一最低温度水平。从供回水温度变化曲线可以看出，用户循环泵 24h 运行，供水温度平均比回水温度高 6～7℃。从室外温度变化曲线可以看出，室外温度在 15～35℃之间，平均温度在 20℃以上。结合实时气象情况，水温的高低受天气影响，当室外温度较低时，相应的生活热水温度同步变化时也会降低。

根据实测和计算分析得到系统能耗如图 4-11 和图 4-12 所示。由此可以看出，尽管太阳能集热量已经接近用户实际用热量，然而，由于系统有大量的散热损失，不得不采用辅助能源加热量满足用热需求。该系统太阳能保证率达到了 100%，然而，辅助能源消耗量并未有效地减少，太阳能利用效果较差。

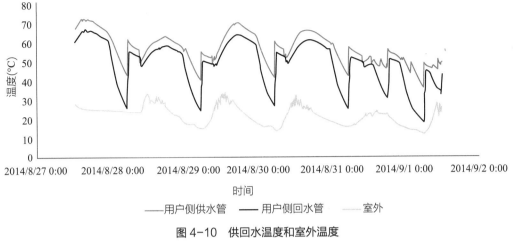

图 4-10　供回水温度和室外温度

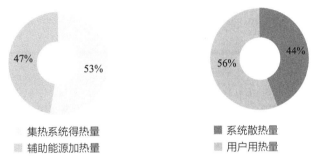

图 4-11　系统热量输入（左图）与系统热量输出（右图）关系图

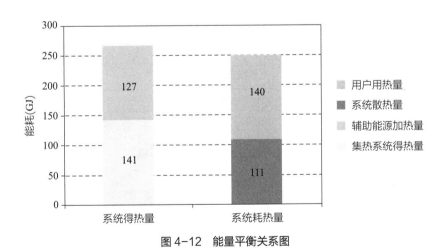

图 4-12　能量平衡关系图

（2）北京市西城区某集中式太阳能热水系统

1）工程概况

　　该太阳能热水工程位于北京市某小区，小区中仅有一栋楼安装了太阳能热水系统。该楼含两单元，每单元 18 层，一梯两户，共 72 户。该系统采用集中集热集中辅热的形式，为该楼两个单元 24h 循环提供生活热水，系统形式如图 4-13 所示。系统采用真空管型集热器，位于二单元的楼顶，集热器总面积为 350m²，集热器倾角是北京地区最佳角度 45°，每块集热

器面积为 $6.25m^2$。地下二层的机房配置有贮热水箱位，容积为 $15m^3$。地下三层设置有容积为 $8m^3$ 间接水箱和给间接水箱辅助加热的地源热泵机组。集热器与贮热水箱间设有一用一备两台循环泵，当贮热水箱与太阳能集热器水温温差达到 7℃ 时，集热侧循环泵启动。间接水箱与贮热水箱间通过管路连接，当贮热水箱与间接水箱的水温温差达到 7℃时，两个水箱间的循环泵启动。当间接水箱中的水温低于 50℃时，地源热泵机组自动运行，进行辅助加热，小区物业通常在采暖季开启地源热泵机组。生活热水总供水管与间接水箱相连，到达地下一层后

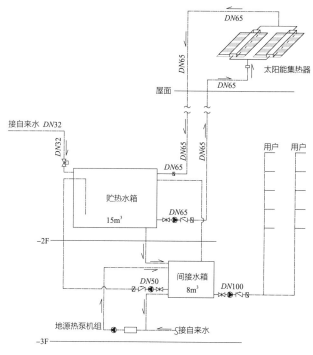

图 4-13　太阳能热水系统示意图

分为两路，分别为一单元与二单元供水；两个单元的回水管在地下一层汇为一路，连接至间接水箱。由于该系统为直接系统，因此在贮热水箱设置有补水管，采用定时补水的形式于每晚 12 点后补水至该水箱。该系统在室外的管路部分还设有电伴热带，在冬季开启用于管路防冻，系统各部件参数如表 4-9 所示。

系统部件参数　　　　　　　　　　　　　　表 4-9

名称	型号规格	数量及安装位置
太阳能集热器	全玻璃真空太阳集热管，采光面积 $6.25m^2$	集热面积共 300~400m²，安装倾角 45°，置于屋顶
水箱	贮热水箱，容积 15m³	1 个，置于地下二层
	间接水箱，容积 8m³	1 个，位于地下三层

2）检测方案

为了研究该太阳能热水系统的运行情况，首先要获得集热系统得热量、辅助能源加热量、用户实际用热量和系统散热量的数据，然后进一步计算四者的比例关系。

集热系统得热量检测参数包括集热器进出口水温、水流量，见式（4-16）。在检测期间，检测一天中贮热水箱进出口水温的变化及供水立管水流量，按式（4-17）计算检测当天的立管散热损失。

根据小区物业提供的 2014 年 7 月和 8 月的生活热水查表记录计算用户生活热水耗热量。根据小区物业所提供的电表数，整理可得 2014 年全年电表读数如下，其中互感器倍数为 40 倍：

电表读数　　　　　　　　　　表 4-10

月份	1 月	2 月	3 月	4 月	5 月	6 月
电表读数（kWh）	13194	14295	14732	15356	15595	15755
月份	7 月	8 月	9 月	10 月	11 月	12 月
电表读数（kWh）	15930	16021	16170	16323	16957	17693

该电表包含四部分的电量：

①水箱再热耗电量；

②太阳能热水系统泵耗：集热循环泵＋生活热水循环泵＋补水泵；

③采暖泵耗：暖气循环泵＋深水井循环泵；

④其他电耗（可忽略）：电热循环泵＋真空排气机。

由此可知，太阳能热水系统全年辅助能源加热量可通过全年总耗电量减去采暖泵耗计算而得。在本次检测中，通过检测暖气循环泵与深水井循环泵的功率与运行时间估算出全年泵耗，从而计算出常规能源耗能量。也可通过太阳能热水系统四部分能量平衡关系计算得到。温度测点及检测数据如图 4-14、表 4-11 所示。

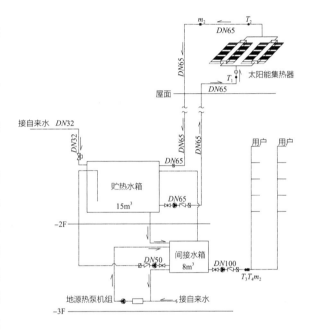

图 4-14　系统测点图

温度检测数据　　　　　　　　表 4-11

项目	布点	
系统	用户侧供水管	
	用户侧回水管	
	集热回水管（水箱至集热器）	
	集热器进口	
	集热器出口	
	补水管	
管井	2 单元	−1 层供
		−1 层回
		1 层供

续表

项目	布点		
管井	2 单元		1 层回
			18 层
	1 单元		1 层供
			1 层回
			18 层
末端	2 单元 1801 室		

3）检测结果

对系统各部分热水流量和温度等参数进行了实测，如图 4-15 所示，从 1 单元、2 单元供回水温度曲线来看，各天用热水情况比较稳定，差异不大，每天水温的变化情况类似。系统循环泵 24 小时运行，由于热水从水箱出来，先流至 2 单元再流至 1 单元，故 2 单元水温高于 1 单元，1 单元供回水温差和 2 单元供回水温差均在 5℃左右。检测期间，室外温度在 15～25℃。由图可知，供水温度平均在夜间 19：00 后开始显著下降，究其原因，一是因为用户在 19：00 后达到了用水高峰，二是由于系统夜间定时补水策略导致。

根据实测和计算分析得到系统能耗如图 4-16 和图 4-17 所示。比较上一案例来看，本案例太阳能集热器得热量远远高于用户用热量（2.91 倍），然而，系统散热量也非常大，尽管收集了很多的太阳能，实际辅助加热量约是用户用热量的 78%，散热问题在该项目中尤为突出。

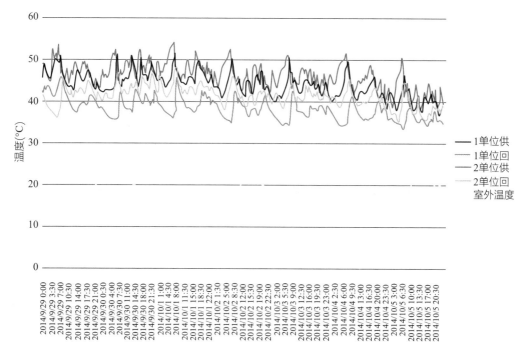

图 4-15　温度曲线

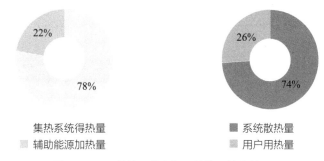

图 4-16 系统热量输入与系统热量输出关系图

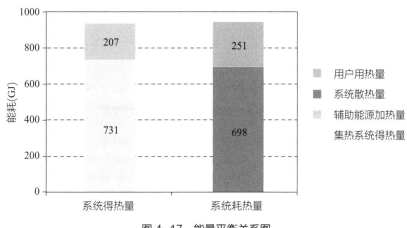

图 4-17 能量平衡关系图

4.3.2 集中集热分散辅热式系统能耗检测

（1）工程概况

　　该工程为天津市某住宅小区太阳能生活热水系统工程。小区每单元对应一套强制循环集中集热分散辅热式太阳能热水系统，如图 4-18 所示。选取某单元作为本次检测的检测对象，此单元共 18 层，一梯两户共 36 户，已入住 4 户。该系统为间接系统，用户只取热，不取水，系统形式如图 4-19 所示。系统集热侧采用真空管型太阳能集热器，集热面积为 64m²，置于屋顶。屋顶机房中设置有集中贮热水箱，容积为 1m³。系统供热侧以间接换热的方式加热末端各户内水箱中的水以供用户使用，户内水箱的容积为 120L；系统用电辅助加热，电加热设备安装于各户内水箱中，根据用户需求在太阳提供的热量不足时（阴天或雨雪天）辅助加热制备生活热水。系统各部件参数见表 4-12。

图 4-18 天津某小区太阳能热水系统实景图

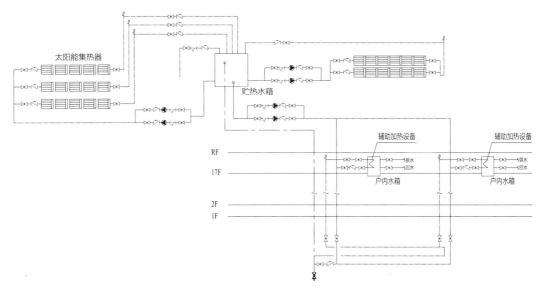

图 4-19 集中集热分散供热式系统原理图

系统各部件参数表 表 4-12

名称	型号规格	数量及安装位置
太阳能集热器	全玻璃真空太阳集热管，$\phi 58 \times 1800mm$，采光面积 $64m^2$	共 32 块，安装倾角 37°，置于屋顶
水箱	贮热水箱，容积 $1m^3$	1 个，置于屋顶机房
	户内水箱，$0.12m^3$	36 个，分别置于末端用户户内

　　该系统集热侧工质循环采用温差控制策略，当集热器与水箱间的温差大于7℃时，集热循环泵自动开启；当二者温差小于2℃时，集热循环泵停止运行。供热侧循环策略为：当贮热水箱中的水温达到28℃时，供热侧供水泵开始运行，当贮热水箱水温低至25℃时，供热侧供水泵停止运行。贮热水箱的补水方式由液位和温度共同控制，当液位低于容积的80%时启动上水阀，当液位高于容积的90%时关闭上水阀；当水温高于65℃时启动上水阀，当水温低于60℃时关闭上水阀。

　　（2）检测方案

　　本案例在现场只需要确定集热面积、集热效率、时间、集热器的倾角值等信息。按式（4-2）计算全年的集热系统得热量。

　　此案例常规能源为电，各用户的户内水箱中安装了电加热设备。因此计算供热侧常规能源耗能量，可以在入户布置插座式电表检测电量（户内水箱的热水由白天最高温度加热到60℃），进行典型日测量再推算至全年，见表4-13。

用电量检测数据　　　　　　　　　　　　　　　　　表 4-13

时间：2015 年 1 月 22 日

户编号	初始水温	最终水温	初始电量	最终电量	耗电量	平均值	当天全楼耗电量（kJ）
1701	37	60	0.199	3.275	3.076		
801	38	60	0.053	2.955	2.902	3.005	389448
702	38	60	0.118	3.051	2.933		
602	36	60	0.122	3.231	3.109		

设计的标准工况为：该栋楼的入住率为 80%，白天有 20% 的用户用水，每户使用 10L；晚间每户使用 90L 热水。在检测期间，使用温度自记仪记录一天中贮热水箱进出口水温的变化并用超声波流量计分时段记录读取供水管水流量。

通过实际入户调研得到用户用水量及用水水温，按式（4-11）可计算得到用户实际用热量。

使用温度自记仪，布点在贮热水箱出口水处的管段上、贮热水箱进口处管段上、井管处，立管里的温度值近似等于贮热水箱出口水处温度。使用超声波流量计布于用户侧循环管路上，由于仪器没有自记功能，按照检测方案分别于一天中的四个时段（早上、中午、下午和晚间）读取一组流量数据作为计算依据。由于水箱进出口的温差所引起的能量变化来自于循环管路的散热量与用户得热量，可以得到如下公式：

$$cm_l(T_{out} - T_{in}) = \frac{KA_p(T_w - T_f)}{1000} + Q_u \qquad （4-18）$$

式中　c——水的比热容，取 4.2kJ/（kg·℃）；

　　　m_l——立管水质量流量，kg/s；

　　　T_{out}——贮热水箱出口水温值，℃；

　　　T_{in}——贮热水箱进口水温值，℃；

　　　K——循环管路散热系数，J/（m²·℃）；

　　　T_w——设备及管道外壁温度值，℃；

　　　T_f——井管空气温度值，℃；

　　　Q_u——用户实际用热量，kW；

　　　A_p——循环管路散热面积，m²。

（3）检测结果

通过记录水箱进出口逐时温差值的数据，实际控制策略基本满足如前所述的工程概况中的控制策略。

根据上述检测方法，可得到四部分检测计算结果如下。结果如图 4-20、图 4-21 所示，系统全年得热量共 200GJ，其中集热系统得热量占比 71%、辅助热源用电量占比 29%；全年散热量为 224GJ，其中用户实际用热量占比 89%、散热量占比 11%。

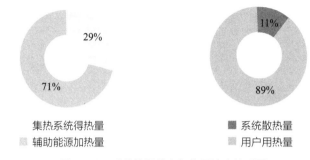

图 4-20　系统热量输入与热量输出关系图

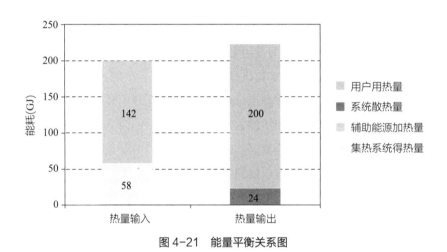

图 4-21　能量平衡关系图

4.3.3　户用热水器能耗分析

　　为了解电热水器的能耗，对两户居民进行了调查，调查包括基本用热水习惯和能耗两个部分，调查时间是 2014 年 6 月 21 日到 7 月 21 日。

　　两户居民都来自北京，使用电热水器，用于日常洗澡和盥洗，基本情况见表 4-14。

受访家庭基本情况　　　　　　　　　　　　　　　　　　　表 4-14

	家庭构成	热水用途	热水设备
家庭 1	3 人	淋浴、洗脸池	40 L 电热水器
家庭 2	4 人	淋浴、洗脸池	40 L 电热水器

　　因调查时间是夏季，所以洗脸等盥洗行为不使用热水，热水只用于淋浴洗澡，洗澡习惯见表 4-15。

受访家庭洗澡习惯　　　　　　　　　　　　表 4-15

	平均洗澡次数[次/(人·月)]	平均洗澡用时（min/次）	花洒流量（L/min）	平均花洒开启比例（%）
家庭 1	8	15	6.75	60%
家庭 2	15	12	6.10	60%

　　洗澡用水量由洗澡次数、洗澡用时、花洒开启时间及流量决定，所以用调查所得的洗澡次数、洗澡用时、花洒开启时间比例、花洒流量对两户居民每月洗澡用水量按照式（4-19）进行了测算，两户居民月洗澡热水用量分别为 1.46t 和 2.64t。

$$用水量（t/月）=\frac{\rho}{1000}洗澡次数（次/月）×洗澡用时（min/次）× \\ 花洒开启时间比例（%）×花洒流量（L/min）×人数 \quad（4-19）$$

　　为更多地了解电热水器的耗电特征，电耗检测分为三种情形：情形 1 是从冷水温度加热温升 40℃的耗电量（kWh）；情形 2 是加热到设定温度保持加热状态，连续 24h 的耗电量（kWh）；情形 3 是保持日常热水使用习惯，连续一个月的耗电量（kWh），检测结果如表 4-16 中所示。

受访家庭热水能耗（kWh）　　　　　　　　表 4-16

	情形 1	情形 2	情形 3
家庭 1	1.7	1.04	32.11
家庭 2	1.82	3.95	69.85

4.3.4　居民生活热水系统运行能耗分析

　　为了便于分析研究生活热水系统运行能耗，以末端用户用热量为基准，将第 4.2 节至 4.3.2 节中提及的 3 个集中集热集中辅热、1 个集中集热分散辅热系统的四部分能量进行标准化处理，以用户用热量为标准量 100，各部分热量关系结果如表 4-17 所示。

生活热水系统运行能耗结果　　　　　　　　表 4-17

系统类型 \ 能量类型	项目地点	集热系统得热量	辅助能源加热量	末端用户用热量	系统散热量
集中集热集中辅热	北京丰台	100	112	100	112
	北京西城	295	82	100	277
	赤峰	100	79	100	79
集中集热分散辅热	天津	41	71	100	12

在集中集热集中辅热系统中，系统散热量不容忽视，其中有 2 个项目散热量高于末端用户用热量，热量损失严重。以北京西城项目为例，太阳能热水系统 24h 循环供热水造成的散热损失占总得热量的 73.5%，远超过用户有效得热所占比例；定时供热水的赤峰项目尽管系统的散热量比例是 44.1%，但仍有近一半的热量都散失到室外而没有被利用。因此，尽管集热系统得热量能够满足末端用户用热量，但仍需消耗大量的辅助能源来保证热水供应。在集中集热分散辅热系统中，生活热水系统运行是定时供热水的，管道散热损失占到所提供热量的 11%。由于辅热设备位于户内水箱中，用户根据需要自行开启，避免了辅助热量在系统中的大量散失，因此其散热损失比例小于集中集热集中辅热系统的散热损失比例。

热水循环和辅助加热控制策略对系统能耗有着显著的影响，集中集热集中辅热的太阳能热水系统常见的是定时供热水或 24 小时供热水。通过工程实测，供水管路散热损失远不止如此，管路循环时间越长，散热损失越大，有的项目通过管道循环散失的热量为用户实际用热量的一半以上，造成了大量能源的浪费。但是，由于用户对用水体验相对敏感，而对能耗并不敏感，且对太阳能热水系统缺乏了解，多以为集热器没有损坏、水箱和管路没有漏水就是好的系统，太阳能企业一定程度上掩盖了太阳能热水系统在运行能耗上的缺陷，致使太阳能企业、设计院和开发商忽略了控制策略对系统运行能耗的影响，重视单一产品研发、忽视系统设计，最终导致用户体验不好，运行维护困难。

综上，要深入优化集中式热水系统的设计与控制策略，尽可能多地减少常规能源消耗量。控制策略的改进实际是要转变设计思路，确定"太阳能部分替代，常规能源保证"的新型主从关系。也就是说，最大化利用集热器已收集的太阳能，而不是最多的收集太阳能，通过常规能源保障系统的可靠性，在满足用户用热水需求的同时，消耗最少的常规能源。

4.4　小结

能量平衡检测方法从"两进两出"的能量平衡关系入手，关注集热系统得热量、辅助能源加热量、末端用户用热量和系统散热量四部分能量，客观地描述了太阳能热水系统运行中的能量流入流出情况。通过实际工程检测发现，集中式热水系统的散热量和辅助能源消耗量不容忽视。因此，在太阳能热水系统应用过程中，应重视系统的散热量，通过循环策略和辅助加热策略的优化，减少散热损失，尽可能多地利用太阳能的热量，以减少常规能源消耗为目标。

第 5 章

太阳能热水系统
评价方法

自 20 世纪 90 年代以来，我国陆续颁布了一系列标准和规范，引导太阳能热水系统的技术和工程发展。从内容上看，这些标准大致可以分为三类：第一，产品技术类，例如，《真空管型太阳集热器》GB/T 17581、《全玻璃真空太阳集热管》GB/T 17049 等，这些标准规定了相应产品的定义、分类、技术要求、试验方法和检测规则等内容，为指导厂商规范化生产和供应产品提供了良好的支撑；第二，指导设计和工程应用类，主要包括《建筑给水排水设计规范》GB 50015、《民用建筑太阳能热水系统应用技术规范》GB 50364 和《小区集中生活热水供应设计规程》CECS222：2007，这类标准主要用于指导太阳能热水技术的工程应用，涵盖了设计、安装和验收等环节，对规范系统设计安装有重要意义；第三，评价类，主要包括《民用建筑太阳能热水系统评价标准》GB 50604、《太阳热水系统性能评定规范》GB/T 20095 和《可再生能源建筑应用工程评价标准》GB/T 50801 等，其中两个评价标准分别于 2010 年和 2013 年颁布，恰好是太阳能热水系统工程大量推广应用的阶段，为大批热水工程的验收提供了支撑，也引导了系统设计的发展方向。

从前面的调研和工程案例分析来看，太阳能热水系统应用还存在许多的问题。评价方法和评价指标的科学性，对于避免上述问题是至关重要的。本章将针对如何对太阳能热水系统评价，分析现有的标准规范的问题，并结合实际工程案例对评价的科学性展开讨论。

5.1 现有评价方法分析

《可再生能源建筑应用工程评价标准》GB/T 50801 指出系统的主要评价指标包括：太阳能保证率、集热系统效率、贮热水箱热损因数和静态回收期等，这些指标主要考察节能性、经济性和系统性能等。从评价标准的作用来看，如果达到标准的指标要求，太阳能热水工程应该能够相比常规能源热水系统能耗更低，取得较好的节能、环保和经济效益。如果以太阳能系统集得的热量作为判断依据，很容易计算出的太阳能集热量，可以制备基本满足甚至超过用户需求的热水，由此判断太阳能热水系统节能和经济效益明显。也有一些研究者认为，在进行太阳能热水系统工程评价时，应该突出"以实际运行能耗为导向"，即以常规能源替代量为主要考察指标，而不是从太阳能采集量作为节能性指标。这两者有什么差别呢？

受到工程市场利好政策的拉动，过去二十年来太阳能工程市场迅速扩张，太阳能生活热水成为可再生能源建筑应用领域最易为公众接受的形式。太阳能光热利用示范项目是我国可再生能源建筑应用示范项目的重要部分，国家给予了大量的资金和政策支持。根据《可再生能源建筑应用工程评价标准》GB/T 50801，我国对可再生能源建筑应用示范项目进行了检测，各省的太阳能保证率均在 60% 左右，光热示范项目"卓有成效"。这些现象令人不得不深入思考三个问题：一是 60% 的太阳能保证率是如何测得？二是好的保证率为什么运行效果差强人意？三是太阳能保证率是否能真实全面地反映太阳能热水系统的能耗情况？

近几年在城镇住宅工程中的应用量大幅减少，从市场调查来看，太阳能热水系统在实际应用中存在许多问题，例如，用户普遍反映水温偏低、稳定性较差和水价高；物业反映维护、收费及管理较难；开发商为了骗取政府补助采取租赁的方式安装太阳能热水系统等等。为什么一项评价标准认为有较好的经济和节能效益的技术，得不到城镇住宅工程市场的认可呢？是技术不成熟，还是指导工程应用的评价标准出现了问题？

本章将针对现有的评价标准中各项指标以及评价方法展开讨论，立足实际工程效果，分析如何科学合理的评价太阳能热水系统，能够真实准确地反映工程的实际节能和经济效益，同时也得到市场和用户的真正认可。

5.1.1　评价方法概述

《可再生能源建筑应用工程评价标准》GB/T 50801 的对象包含了太阳能热利用系统、太阳能光伏系统和地源热泵系统。其中，太阳能热利用部分，包含了对太阳能热水系统从系统性能、节能效果、经济性以及减排效果四个方面对太阳能热水系统的评价。评价主要包括了8 个评价指标，如表 5-1 所示。

太阳能热水系统工程评价指标　　　　　　　　　　　　　　表 5-1

序号	评价指标	要求
1	太阳能保证率	应符合设计文件的规定，当设计无明确规定时，应符合该标准中相应规定
2	集热系统效率	符合设计文件规定，如无明确规定时，符合 $\eta \geq 42\%$
3	贮热水箱热损因数	贮热水箱热损因数 U_{sl} 不应大于 30W/（$m^3 \cdot °C$）
4	供热水温度	符合设计文件规定，如无规定 45 ~ 60°C 之间
5	常规能源替代量	应符合立项可行性报告等文件规定，如无，应在评价报告中给出
6	费效比	应符合立项可行性报告等文件规定，如无，应在评价报告中给出
7	静态投资回收期	应符合立项可行性报告等文件规定，如无，太阳能供热水系统不应大于 5 年
8	二氧化碳减排量、二氧化硫减排量以及粉尘减排量	应符合立项可行性报告等文件规定，如无，应在评价报告中给出

在上述指标中，太阳能保证率是目前衡量太阳能光热系统性能最重要的指标。《可再生能源建筑应用工程评价标准》GB/T 50801 要求太阳能热利用系统的太阳能保证率应符合设计文件的规定，当设计无明确规定时，应符合表 5-2 的规定；然而，太阳能热利用系统的常规能源替代量和费效比应符合项目立项可行性报告等相关文件的规定，当无文件明确规定时，仅仅要求在评价报告中给出。相比之下，对于太阳能保证率的指标是有明确下限要求的，常规能源替代量和费效比是未给出明确指标值要求的。

不同地区太阳能热利用系统的太阳能保证率 f（%） 表 5-2

太阳能资源区划	太阳能热水系统	太阳能采暖系统	太阳能空调系统
资源极富区	$f \geqslant 60$	$f \geqslant 50$	$f \geqslant 40$
资源丰富区	$f \geqslant 50$	$f \geqslant 40$	$f \geqslant 30$
资源较富区	$f \geqslant 40$	$f \geqslant 30$	$f \geqslant 20$
资源一般区	$f \geqslant 30$	$f \geqslant 20$	$f \geqslant 10$

从《可再生能源建筑应用工程评价标准》GB/T 50801 可知，太阳能保证率是最核心的指标，在工程中被广泛使用。在几个已有的标准规范中，对太阳能保证率的定义存在差异，如表 5-3 所示。

不同标准涉及的太阳能保证率的定义 表 5-3

标准名称	实施时间	发布单位	相关条文
《民用建筑太阳能热水系统应用技术规范》 GB 50364	2006 年 1 月 1 日	中华人民共和国建设部	2.0.22 太阳能保证率 系统中由太阳能部分提供的热量除以系统总负荷
《建筑给水排水设计规范》 GB 50015	2009 年 修订	中华人民共和国住房和城乡建设部	2.1.86A 太阳能保证率 系统中由太阳能部分提供的热量除以系统总负荷
《可再生能源建筑应用工程评价技术标准》 GB/T 50801	2013 年 5 月 1 日	中华人民共和国住房和城乡建设部	2.0.7 太阳能保证率 太阳能供热水、采暖或空调系统中由太阳能供给的热量占系统总消耗能量的百分率

根据《可再生能源建筑应用工程评价技术标准》GB/T 50801，太阳能保证率的计算可以表述为以下公式：

$$太阳能保证率 = 由太阳能供给的能量 / 系统总消耗能量$$

如果仅从太阳能供热水系统来看，这项评价指标有一个最大的问题是，系统总消耗能量并不等同于用户实际用热水所需的热量，而如果前者大大地高于后者，即系统浪费严重，那么这个保证率又代表什么呢？达到上表中保证率要求，又代表什么意思呢？

如果从内容来看，《民用建筑太阳能热水系统应用技术规范》GB 50364 中，以系统总负荷作为分母，似乎比系统总消耗的能量更接近用户用热水所需的热量；然而，这里没有考虑系统消耗的辅助能源，是不是就可以认为太阳能提供的热量都有效地提供给了用户使用的热水，那如果有多余的热量算到辅助能源？这样计算可能也存在问题。

从各省的工程案例调查情况来看，工程项目的太阳能保证率是较高的，如图 5-1 所示。各省太阳能光热建筑应用示范项目全年太阳能保证率大部分在 60% 左右。其中，太阳能保证率在 50% 以上的地区占 86%。从"太阳能保证率"这一评价指标看来，太阳能热水系统的应用节能效果应颇为可观，然而，从前面的市场反应来看，实际工程应用可能并没有统计结果表现得乐观。

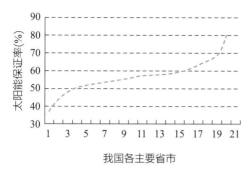

保证率在50%以上　　保证率在50%以下

图 5-1　我国可再生能源建筑应用示范项目太阳能保证率统计图

《民用建筑太阳能热水系统应用技术规范》GB 50364、《民用建筑太阳能热水系统评价标准》GB/T 50604 等太阳能热水系统的相关标准，通常以《建筑给水排水设计规范》GB/T 50015（2009 年版）为依据，对太阳能保证率的定义可按下式计算：

$$太阳能保证率 = 由太阳能部分提供的能量 / 系统总负荷$$

"太阳能保证率"是表达太阳能热利用系统性能的一个参数，用以反映太阳能提供的热量与系统耗热量之间的比例关系，其值需结合系统使用期内的太阳能辐照条件、系统的性能及用户具体要求等因素后综合确定。在设计中反映的是太阳能提供的热量与系统总负荷的比例关系，而工程评价中则是反映太阳能提供的热量与系统总消耗能量的比例关系。作为设计参数时，根据第 3 章热水用量调查的结果，居民实际热水用量小于《建筑给水排水设计规范》GB/T 50015 中所给的热水用水定额，因此系统实际总消耗能量小于设计负荷，使得在系统评价过程中太阳能保证率计算结果偏大；其次，通过对《国家可再生能源建筑规模化应用示范项目测评报告》的分析得知，实际评价工作中为了简化评价过程，评价人员往往用系统的热水总负荷替代实际耗能量，这两者的物理意义和实际数据都存在显著差异。此外，系统总消耗量包含了用户实际得热量、管道与循环泵的损失热量，与设计中提到的系统总负荷的含义并不相同。由此看来，评价指标的定义欠缺严谨，而在实际工程中对于指标的获取和计算分析，也存在不够科学准确的问题。

从另一方面看，英文 Solar fraction 直译为"太阳能比例"，翻译成"太阳能保证率"实际在字面意思上已经有了导向，能否"保证"不只是集热侧的问题，还与如何使用有关，明显受到系统散热的影响。将 solar fraction 翻译为保证率，可能对实际工程也产生了一定的误导作用。

5.1.2　基于实际案例的探讨分析

针对前面对现有评价方法分析的问题，这里基于实际案例进行讨论。以赤峰项目为例，该项目中的常规能源实际消耗的能量约占用户实际用热水耗热量的 80%，从这个角度看，太阳能仅仅提供了 20% 的热量。然而，如果按照现有评价方法进行计算，该系统的太阳能保证率可以达 89.4%。通过测试和能量平衡验证，大量的能量在系统循环过程中通过管道耗散，这是高"保证率"下实际辅助能源能耗高的原因。可以说，该项目从降低常规能源用量的目标来看，并没有达到应有的效果。

在第4章的检测案例中，有3个系统的太阳能保证率都在75%以上，然而从实际检测的结果看来，这几个系统的实际运行电耗依然很高，平均每户每天的耗电量在2～4kWh之间，这些热量够约90L水温升30℃，接近一户三口之家日均用热水量，那么，利用太阳能实际减少常规能源量非常有限了。为了对比生活热水的一般电耗水平，选取两户使用电热水器的典型用户检测其运行电耗，结果如表5-4所示。可以看出，电热水器的电耗与太阳能生活热水系统电耗相比相差不多甚至更低。通过检测分析，发现主要问题仍然是集中式太阳能热水系统中有相当一部分热量耗散于热水在管道循环的过程中。

实测系统运行电耗数据　　　　　　　　表5-4

	用户所在地	户辅助加热电耗［kWh/（户·d）］
太阳能生活热水系统	北京西城	2.18
	天津	2.34
	赤峰	3.73
家用电热水器	北京1	1.07
	北京2	2.33

上述分析显示，现有的太阳能保证率评价指标高，并不表示项目实际常规能源消耗量少，一些项目虽然太阳能保证率很高，但每吨热水能源成本却居高不下。采用这个指标作为依据，是难以科学评价太阳能热水系统真正节能效果的。进一步看，仅仅"太阳能保证率"一项指标，是不能反映系统辅助能源加热量、用户用热量、系统散热量和太阳能利用量的关系的，因此，也无法反映系统中太阳能的实际利用情况和辅助能源真实消耗水平。

如果从太阳能利用的初衷出发，对于系统的节能性评价只需要直接采用实际能源消耗量即可，例如，以用户实际用热水每吨消耗常规能源量作为指标，将每吨热水等温升条件下的热量需求（标准值）与系统实际热量消耗进行比较，就可直观地评价系统实际产生的节能效果了。实际能源消耗量只有在系统正式使用后才能测得，而系统设计和施工过程中，仍需要有指标进行指导约束，而系统的经济性也不能仅仅从消耗了多少能源来评价，还需要考量建设投资和运营成本。

5.2　太阳能热水系统评价指标研究

现有各标准中对太阳能热水系统的评价指标，包括系统各部件的热性能、节能性、经济性以及减排效果等方面。对于各部件热性能、经济性，有比较明确的参数；而对于整个系统的性能，仅仅通过太阳能保证率，难以全面准确地反映；实际系统产生的能源节约量，也不能通过"保证率"计算出来。本节从太阳能热水系统的热量平衡出发，首先基于唯一性和准确性原则，讨论系统整体热性能评价指标；然后，从太阳能热利用的节能初衷和经济性要求出发，确定太阳能热水系统的评价方法，为实际工程应用提供指导，为相关标准的修订提供参考。

5.2.1　系统整体热性能评价的数学原理

对太阳能热水系统的能源利用效果进行评价，先需要分析清楚系统的能量来源和去向，确定系统各部分热量大小及相互关系。将太阳能热水系统看作一个封闭的整体，进入系统的热量包括太阳能集热器集热量以及辅助加热设备的加热量两部分；离开系统的热量主要包括用户用热水的热量以及管路和水箱的散热量两部分。如图 5-2 所示。

图 5-2　太阳能热水系统热量平衡

上述四部分热量中，集热量和加热量可以通过直接测量和计算得到，系统散热量（管路与水箱）可以根据管路进出口水温变化以及管路和水箱的热物理性能模型计算出，用户实际用热量则可通过测量用水量和用水温度计算得到，即这四项热量理论上均可以通过测试的方法获得。同时，根据热量平衡原理，这四项热量的关系可表示为：

集热系统得热量 ＋ 辅助能源加热量 ＝ 系统散热量 ＋ 用户实际用热量

根据热量平衡关系式，对于一个太阳能热水系统，任意获得其中三项热量，即可确定剩下的一个热量大小，系统热性能可确定。如果只知道其中两项或一项，则无法确定其他热量大小，系统的热量平衡关系是不确定的，系统整体热性能难以全面准确地描述。这也恰好说明了之前"太阳能保证率"无法唯一确定的描述系统实际的热性能。

因此，在对系统热性能进行评价时，也应该考虑到太阳能热水系统通常由四部分热量构成了能量平衡。将热量平衡公式的变量移到同一侧，可以得到公式：

$$Q_s + Q_f - Q_p - Q_u = 0 \tag{5-1}$$

式中　Q_s——集热系统得热量 kJ；

　　　Q_f——辅助能源加热量 kJ；

　　　Q_p——系统散热量 kJ；

　　　Q_u——用户实际用热量 kJ。

这是一个四元一次方程，获得方程式的确定解，需要另外三个方程式，假设表达为：

$$\begin{cases} a_1Q_s + b_1Q_f + c_1Q_p + d_1Q_u = 0 \\ a_2Q_s + b_2Q_f + c_2Q_p + d_2Q_u = 0 \\ a_3Q_s + b_3Q_f + c_3Q_p + d_3Q_u = 0 \\ a_4Q_s + b_4Q_f + c_4Q_p + d_4Q_u = 0 \end{cases} \tag{5-2}$$

其中 a_i，b_i，c_i，d_i（$i=1,2,3,4$）为系数项，$a_1=b_1=1$，$c_1=d_1=-1$。根据线性代数中的克莱姆法则（Cramer's Rule），线性方程组的系统构成的行列式 D，即：

$$D = \begin{vmatrix} a_1 & b_1 & c_1 & d_1 \\ a_2 & b_2 & c_2 & d_2 \\ a_3 & b_3 & c_3 & d_3 \\ a_4 & b_4 & c_4 & d_4 \end{vmatrix} \tag{5-3}$$

当行列式的秩 R（D）=4 时，方程组有唯一确定的解；当 R（D）=3 时，方程组含一个解向量，在这个向量中，各变量有确定的相互关系；当 R（D）≤ 2 时，方程组含 2 个或以上的解向量，在基础解系中，变量由两组或以上的解向量确定，变量之间的关系不确定。

从数学理论应用于实际工程，确定太阳能热水系统的各项能源之间的关系，是客观全面评价一个系统热性能的必要条件。当评价指标由热量关系表征时，要全面评价热水系统，指标与热量平衡方程构成的系数矩阵 D 为 m 行，4 列的矩阵，即 D（$m \times 4$，$2 \le m \le 4$），其秩应满足 R（D）=3。

对于指标构成的热量方程，例如，指标 $u=Q_s/Q_u$，其方程可以表示为：

$$Q_s - uQ_u = 0 \tag{5-4}$$

其系数矢量表示为（1,0,0,$-u$）。如果系数矩阵的秩等于 3，则其该矩阵行数 m 需大于等于 3，考虑热量平衡方程的系数矢量，评价指标至少有 2 个。当指标为 2 个时，这两个指标构成的热量关系方程，各个方程系数矢量线性无关；当指标大于 2 个时，这些指标构成的热量关系方程，各方程系数构成的矩阵秩为 2。

5.2.2 系统评价指标的设计选择

根据上述推论，在对太阳能热水系统进行热性能整体评价时，至少应选择两项指标。通过不同量之间相加、相减与相除（不包括相乘，避免出现 2 次及以上的方程，使得指标非线性变化），由 1～4 个热量项可以组成数十种组合。系统评价指标应从工程意义以及考察的重要性出发进行选择设计。结合现有实际工程调查，认为可重点考虑以下几方面问题：

首先，减少常规能源的消耗。利用太阳能的最基本的出发点，是减少常规能源消耗量。考察太阳能热水系统的性能，可以直接衡量实际消耗的常规能源消耗量，也可以评价太阳能有效替代的常规能源比例。在同样用热需求下，较高的太阳能对常规能源的替代率，是系统应用性能好的表现。

其次，提高太阳能的利用效率。为了减少常规能源的消耗，可以通过不断增大太阳能集热量来实现。增大太阳能集热器面积，一方面将使得成本升高，同样也将造成屋顶及产品材料的浪费。因此，将采集的太阳能尽可能有效地利用，是衡量系统性能的另一项重要内容。

第三，减少系统的散热损失量。在系统运行过程中，在热水管路或者贮热水箱存在热量损失，减少这部分热量损失，实际也是促进系统对热量的有效利用，热量既包括收集的太阳能，又可能包括辅助加热热量。较少的热量损失，能够反映系统具有较好的热性能。

根据以上三个方面的考虑，可以从以下三个指标对系统性能进行考量：

（1）常规能源有效替代率

该项指标考量系统节省常规能源的实际效果，兼顾对利用太阳能的评价。计算公式如下：

$$\eta_t = \frac{Q_s - Q_p}{Q_u} \tag{5-5}$$

对于太阳能热水系统，常规能源有效替代率 ≤ 1 且越大越好；对于电或燃气热水系统，Q_s 等于 0，常规能源有效替代率 ≤ 0，无意义。该指标用于评价在一定用户需热量情况下太阳能提供的有效热量比例。由于 Q_u 来源于实际用热调研值，根据这个比例也可以得到节省常规能源绝对值。在城镇住宅中，屋顶面积是非常有限的资源，因此该指标的不足是未能考核系统集约设计程度。当集热面积无限扩大时，理论的替代率可以无限接近于 1，然而这样的设计方案并非最佳选择。

（2）太阳能有效利用率

该项指标考量系统对太阳能的利用效率，为太阳能热水系统中集热系统所获热量中被用户实际所利用的热量所占比例。计算公式如下：

$$\eta_l = \frac{Q_s - Q_p}{Q_s} \tag{5-6}$$

对于太阳能热水系统，太阳能有效利用率 ≤ 1 且越大越好；对于电或燃气热水系统，太阳能贡献率不存在。该指标用于考察系统有效利用的太阳能占收集到太阳能比例，评价系统集约性。η_l 与 η_t 相比分母不同，在常规能源有效替代率的基础上，补充了对集热面积的集约设计考虑。以上两项指标的不足在于，未能直接反映系统散热问题。

（3）系统热损比

该项指标考量系统的散热情况，为更直观地表现损失与收益之间的关系，计算公式如下：

$$\mu = \frac{Q_p}{Q_u} \tag{5-7}$$

对于电或燃气热水系统，同样存在系统热损比，可以与太阳能热水系统的系统热损比作对比；对于太阳能热水系统，系统热损比 ≥ 0 且越小越好。该指标可以考察系统管路与水箱的散热量与用户需热量的比值，意为得到 1 份热时相应损失热量的比例。

从内容来看，以上三个指标分别从常规能源节能效果，太阳能利用效率以及系统保温性能等三个方面进行评价，将各个方程的变量移至同侧，与前面的热量平衡方程一起，可构成如下齐次线性方程组：

$$\begin{cases} Q_s + Q_f - Q_p - Q_u = 0 \\ Q_s - Q_p - \eta_t Q_u = 0 \\ (l - \eta_l)Q_s - Q_p = 0 \\ Q_p - \mu Q_u = 0 \end{cases}$$ （5-8）

该方程的系数矩阵为：

$$D = \begin{vmatrix} 1 & 1 & -1 & -1 \\ 1 & 0 & -1 & -\eta_t \\ 1-\eta_l & 0 & -1 & 0 \\ 0 & 0 & 1 & -\mu \end{vmatrix}$$ （5-9）

通过矩阵变化以及各项指标之间的关系，可以得到该系数矩阵的秩为 3，由前面推论可知，由 η_t、η_l 和 μ 构成的评价指标系，能够确定地描述一个系统的各项热量之间的关系，全面评价一个太阳能系统的热性能。

实际上，通过推导计算发现，上述三个指标中任意取两个指标确定的方程，与热量平衡方程组成的方程组，系数矩阵都将是秩为 3 的矩阵；即在上述三个指标中任意取两个都可以对系统的热性能进行全面评价。而三个指标在表达内容上，可以相互补充，因此可以同时选择这三项指标进行评价。

（4）吨热水能耗

除上述三个指标外，最直接反映太阳能热水系统节能效果的，应该是每吨热水实际能耗。每吨热水实际消耗的常规能源量（Q_r）能够直接反映该系统节能性能，这里的每吨热水指的是用户实际使用的热水，而不是从锅炉或者集热器制备的热水。获得 Q_r 的方法是，系统常规能源消耗量除以系统中所有用户实际热水使用量。

吨热水能耗＝系统常规能源消耗量 / 用户实际热水使用量

该项指标不但适用于对太阳能热水系统的节能效果评价，对于不同的热水系统，每吨热水的常规能源消耗量可以作为一个共有的指标，进行横向比较，这样可以直接获得不同类型的热水系统制备热水的能耗表现。

居民使用热水的温度大概在 40℃ 左右，当自来水水温大概在 15℃ 左右时，每吨热水温升 25℃ 需要 105MJ 的热量，采用常规能源提供的热量（含水泵能耗）低于这个值时，即可以认为利用太阳能实现了节能。进一步的，系统节能率可以表达为：

系统节能率＝（常规能源提供热量 −105）/105

对于采用不同类型的常规能源的热水系统，可以直接用相应的能源实物量进行比较。例如，当系统采用电作为热源时，用电量低于 30kWh；当系统采用天然气加热时，天然气消耗（水泵电耗折算到天然气耗）低于 3m³，可以认为是节能的。

比较特殊的是热泵系统，耗电量可能少于 30kWh，从指标上看，可认为系统确实节约了能源。从系统中供热量来看，热泵系统提供的热量可能大于 105MJ，能源利用效果可能并不佳。这时候就可以用到上述系统热损比指标进行分析，如果系统热损比大，系统仍有较大的改良空间。因此，不能单纯地认为节省了常规能源消耗，系统就是性能好的系统。以热泵＋太阳能热水系统为例，可能系统实现了节约常规能源的目的，但这样的系统经济性可能并不好了。

5.2.3　指标之间的关系与应用

在上述四个指标中，常规能源有效替代率、太阳能有效利用率和系统热损比，三个参数能够唯一刻画太阳能热水系统的热性能状况，且能够直观地表达系统各个热量参数的关系，对于评价系统实际整体性能，找出运行过程中主要问题，进而指导优化设计有着非常重要的作用。

在三个指标不同表现的情况下，系统运行的问题也不同。以某标准系统为参照，假设设计情况下，各项指标达到要求的参数，而实际运行过程中，各指标相对设计值偏高或偏低，由于分析总共有 27 种不同的组合。然而，由于指标之间存在相关关系，任意两项不改变而第三项改变的情况不存在；进一步，由于相关性且由于约定了系统设计状况为标准，相对于设计情况，某两个参数同时偏高或偏低的情况也不存在。因此，实际工程系统总是有两个或者两个以上的参数发生了改变，有一些变化的情况可能不存在；另外，一些指标值的变化趋势也表征系统运行效果优于设计情况，取得更好的节能和经济效益。

根据实际工程应用情况，对可能存在的情况、产生此类情况相应的问题及相应的解决方案，总结如表 5-5 所示。

<table>
<tr><td colspan="5" align="center">太阳能热水各项指标问题、原因及应对</td><td>表 5-5</td></tr>
<tr><th>编号</th><th>η_t</th><th>η_l</th><th>μ</th><th colspan="2">问题、原因及应对</th></tr>
<tr><td>1</td><td>正常</td><td>偏低</td><td>偏高</td><td colspan="2">问题：系统太阳能集热量大，散热量也大
原因：集热面积偏大，循环策略或保温较差
应对：减少集热面积，优化循环策略或加强保温</td></tr>
<tr><td>2</td><td>正常</td><td>偏高</td><td>偏低</td><td colspan="2">运行取得更好的节能和经济效益</td></tr>
<tr><td>3</td><td>偏低</td><td>偏高</td><td>偏低</td><td colspan="2">问题：集热量较小，不足以满足系统用热需求
原因：系统集热面积设计偏小
应对：增大集热面积</td></tr>
<tr><td>4</td><td>偏低</td><td>正常</td><td>偏低</td><td colspan="2">问题：集热量较小，不足以满足系统用热需求
原因：系统集热面积设计偏小
应对：增大集热面积</td></tr>
<tr><td>5</td><td>偏低</td><td>偏低</td><td>偏高</td><td colspan="2">问题：系统散热量较大
原因：循环策略或管路保温较差
应对：优化循环策略或管路保温</td></tr>
<tr><td>6</td><td>偏高</td><td>偏低</td><td>偏高</td><td colspan="2">问题：集热量和系统散热量都较大
原因：集热面积偏大，循环策略或保温较差
应对：减少集热面积，优化循环策略或加强保温</td></tr>
</table>

上表总结了工程中常见的问题、原因和应对方法。在实际工程中，可能还会更多新的问题，通过总结相关的工程实践经验，统计比较上述几个参数的相互关系，可以为设计人员提

出系统形式、集热面积、水箱大小和循环策略等重要参数提供依据。上述三个指标对设计和运行具有较好的指导作用，帮助设计人员提高设计水平的同时，也帮助运行人员的管理水平。

从对可再生能源应用项目的验收评价来看，吨热水能耗指标更加直接客观地反映系统取得的节能效果。太阳能热水系统应用主要目的是减少常规能源消耗量，吨热水能耗指标是最直接的考核指标。这项指标与太阳能保证率最大的不同在于它将"常规能源"作为系统的考核对象，而不是将"太阳能"作为考核对象，规避了由于太阳能集热量大而系统散热量也大，导致系统应用效果评价出现误差，实际工程未取得好的应用效果，仍然蒙混过关的问题。

当系统吨热水能耗指标较高，未达到利用太阳能减少常规能源消耗的目的时，该工程需大力整改，否则，不能获得相关补贴政策的扶持，甚至应该对相关设计或运营人员追究经济损失的责任。反过来，当系统吨热水能耗指标较低，则可以认为利用可再生能源减少常规能源消耗取得了较好的效果，达到了节能的目的。是否系统的集热面积选择过大，导致系统经济性较差，可以由前面的太阳能有效利用率指标进行综合判断。

5.3　指标体系的工程应用

本书基于常规能源有效替代率、太阳能有效利用率和系统热损比等三项指标，选取 2 个集中集热集中辅热、1 个集中集热分散辅热式太阳能热水系统工程进行检测，对检测数据进行分析。工程基本情况介绍如表 5-6 所示。

实测工程基本信息表　　　　　　　　　　　　　表 5-6

地点	系统形式	集热面积（m^2）	循环方式	辅助热源	户数（户）
北京	集中－集中	350	24h	地源热泵	72
赤峰	集中－集中	46	分时段	电加热	26
天津	集中－分散	64	分时段	电加热	36

获得各项指标需测得各部分热量，参考现有的太阳能热水系统检测方法，对各个系统进行现场检测：

①通过采用热量表进行测量可获得检测阶段系统得热量，在现场确定集热面积、集热效率、时间、集热器的倾角值等信息，结合典型气象年太阳能逐时辐射参数，可获得全年系统得热量；

②集中辅热系统的加热量通过电表计量值获得，分散辅热系统的加热量通过电功率计检测获得；

③用户用热量通过实际调查典型用户的用水模式，结合实际工程案例中用户数量、入住率等参数计算得到；

④在太阳能热水系统运行过程中，热量损失主要包括集热器散热量、水箱散热量以及管道循环散热量，散热量可以通过理论散热模型计算获得，也可以结合各部分热损失系数和实测各管段水温计算得到。实际检测所用到的仪器包括热量表、超声波流量计、温度自记仪、钳式功率计和电功率计等。

测得的热量以末端用户用热量为基准，整理如表 5-7。

生活热水系统运行能耗结果　　　　　　　　　　　　　　　表 5-7

	项目地点	集热系统得热量	辅助能源加热量	末端用户用热量	散热量
集中集热集中辅热	北京	295	82	100	277
	赤峰	100	79	100	79
集中集热分散辅热	天津	41	71	100	12

根据上面的各部分热量结果，分别计算各项目的太阳能有效利用率、常规能源有效替代率和系统热损比，并将其与太阳能保证率进行比较，结果如表 5-8 所示。其中，前三项指标的变化情况如图 5-3 所示。

实测工程各项指标汇总　　　　　　　　　　　　　　　表 5-8

项目所在地	太阳能保证率（%）	常规能源有效替代率（%）	太阳能有效利用率（%）	系统热损比
北京	100	13.9	4.6	2.7
赤峰	89.4	19	21.2	0.70
天津	79.1	24.7	31.2	0.54

对表中的数据进行直接解读，可以得到以下几点结果：

①三个项目的太阳能保证率（f）都在 75% 以上，都达到了《可再生能源建筑应用工程评价标准》GB/T 50801 中的一级要求，北京项目的保证率甚至达到了 100%；

②从常规能源有效替代率（η_t）来看，天津项目最高，通过利用太阳能减少的常规能源比例约 1/4；北京项目尽管太阳能保证率最高，但 η_t 值最小；

③从太阳能有效利用率（η_l）来看，各个项目呈现出较大的差异，天津项目是北京项目的约 7 倍；

④从系统热损比（μ）来看，北京项目最大，是天津项目的近 6 倍。

后面三项指标相互关系，能够解释系统在热性能方面的关系：北京项目系统散热量大，系统在集热侧、水箱和管路循环过程中的热量 Q_p 是用户实际有效用热的 2.9 倍，损失的热量主要为太阳能集热量，太阳能贡献率非常低，每集得 100 份热量，实际有效利用的不足 5 份，这样的系统，尽管集热量足够多、太阳能保证率达到 100%，实际有效替代的常规能源比率仍非常低，未能较好地实现节能效果。相比之下，天津项目尽管太阳能保证率最低，实际常规能源替代率和太阳能贡献率最高，系统热损比最小。

进一步将这三个项目的太阳能有效利用率、常规能源有效替代率、太阳能保证率指标整理成图 5-3，可以看出：

第一，三个项目的现有评价指标太阳能保证率都在 75% 以上，而太阳能有效利用率和常规能源有效替代率却很低，"太阳能保证率"不能反映系统实际的节能效果；

第二，北京、赤峰和天津的三个系统分别是集中 - 集中式 24h 循环、集中 - 集中式按季节分时段循环、集中 - 分散式定温循环的系统，太阳能保证率逐步降低，而太阳能有效利用率和常规能源有效替代率却随着系统形式的变化而升高，这说明太阳能保证率高并不意味着实际有效减少常规能源消耗量；

第三，太阳能有效利用率的变化规律与常规能源有效替代率接近，但也存在差异，不同系统的集热量与实际太阳能有效利用的比例情况，也不能单一作为指标衡量系统的能量利用情况。

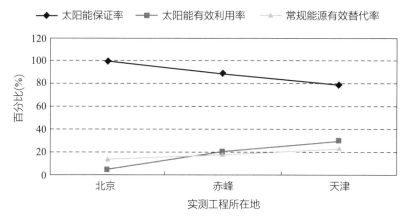

图 5-3　不同系统各项指标对比图

上述结果表明，尽管从"太阳能保证率"这一指标看来，系统的性能表现较优，然而从太阳能有效利用率和常规能源替代率看来，太阳能并没有有效地替代常规能源，大量的能量在系统循环过程中通过管道耗散，系统并没有较好的节能性与经济性。另一方面，从三项指标随系统形式的变化情况看来，由于管路中的散热问题普遍存在，集中集热分散辅热的系统相比集中集热集中辅热式系统，循环时间短，散热量占系统得热量的比重少。系统供水循环时间越短，管路循环散热量越小，系统太阳能有效利用率和常规能源替代率越高，节能效益越好。

另外，收集了北京另外几个实际工程的能耗数据和耗水量，得到这几项工程实际的吨热水能耗如表 5-9 所示。

太阳能热水各项指标问题、原因及应对　　　　　表 5-9

地址	吨热水实际能耗	实际吨热水辅助加热能耗（MJ）	说明
北京 1	3.5m³ 天然气	136.3	用天然气辅热，此处为燃气热量值，不含循环泵耗
北京 2	33.8 kWh 电	121.7	采用地源热泵辅助加热，能耗为实测用电量
北京 3	3.04 m³ 天然气	118.4	分为三栋住宅集中太阳能，用天然气辅热，此处为燃气热量值，不含循环泵耗
北京 4	3.65 m³ 天然气	142.1	
北京 5	3.48m³ 天然气	135.5	

这些系统设计的太阳能保证率在 80% 及以上，如果没有散热损失，辅助热源只需要提供约 20MJ 以内的热量。然而，从实际情况看，系统中每吨热水能源消耗量均大于每吨热水相应温升的能源需求量（105MJ）。这就表明，这些系统散热量大于太阳能集热器的得热量。太阳能集热器得到的热量还不足以补充系统散热损失，还要由辅助热源提供一部分热量补充散热损失。这些太阳能热水系统工程设计和运行人员，需要重视系统散热量导致实际工程应用节能效果不佳，从而投资建设和运行的经济性问题。实际上，正是由于许多工程的节能和经济性问题，逐渐使得市场失去了对该类系统的认可，最终也不利于太阳能热水行业的发展。

5.4　小结

本研究从热量平衡关系出发，基于线性方程组基础解确定方法，对能够系统描述太阳能热水系统热性能的指标数量进行了研究。进一步从太阳能热水应用的工程目的出发，提出几项太阳能热水系统评价指标，并分析各项指标的工程意义。以实际工程为例，应用各项指标整体地评价了太阳能热水系统热性能。基于以上研究，有如下结论：

1）从太阳能热水系统热量平衡分析看，全面并唯一描述系统热性能至少需要两项指标，且这两个指标所构成的热量方程，系数向量线性不相关；与热量平衡构成的四元一次方程组，系数矩阵的秩应等于 3。

2）从太阳能热水系统工程应注重的几个关键点看，系统常规能源有效替代率、太阳能有效利用率以及系统热损比，能够全面有效地分析评价系统热性能；这三个指标所表示的方程与热量平衡方程所构成的线性方程组，系数矩阵的秩等于 3，构成能够全面并唯一描述系统热性能的评价指标系。

3）从实际工程案例看，采用上述指标系对太阳能热水系统进行评价，相比于太阳保证率评价，更符合实际情况且更具有科学性。太阳能保证率评价结果无法反映系统中常规能源真实消耗水平、太阳能实际利用情况，对施工质量、安装效果和系统形式的合理性都无法判断。

4）分析太阳能热水系统节能效果最直接的指标是系统制备每吨热水的常规能源能耗量，即吨热水能耗这个指标也可以作为不同类型热水系统能源利用情况比较的指标。系统节能率指标，可以作为判断太阳能热水系统应用效果的归一化指标。采用吨热水能耗作为指标的局限性在于，难以评价系统的经济性和运行过程中是否存在较大的散热问题，因此，可以结合上述三个描述系统运行性能的指标进行综合评价。

整体而言，太阳能热水系统评价指标对指导太阳能的工程应用有着至关重要的意义，是规范和引导系统设计方案、提高运行过程中的节能效果，取得良好的节能收益的关键因素。针对当前太阳能热水系统评价指标，通过实际工程数据和热力学原理理论分析，提出常规能源有效替代率、太阳能有效利用率和系统热损比等三个指标，可以作为评价系统运行效果的综合指标，可以用于指导系统设计；吨热水能耗指标，则侧重于对系统运行过程中的节能效果评价。两者结合起来，还可以分析系统的经济性运行状况。

第 6 章

太阳能热水系统
检测方法

《民用建筑太阳能热水系统应用技术规范》GB 50364 是我国第一部指导太阳能热利用技术与建筑相结合应用的国家标准。该规范中提出的检测方法，为检验工程应用效果提供了标准化的操作流程。随着国家对建筑节能要求的不断提高，太阳能热水系统的应用引起了各地政府的广泛重视，相关的标准体系也逐渐完善，目前我国太阳能热水系统检测与评价的相关标准如下：

《可再生能源建筑应用工程评价标准》GB/T 50801

《民用建筑太阳能热水系统评价标准》GB 50604

《真空管型太阳集热器》GB/T 17581

《太阳热水系统性能评定规范》GB/T 20095

《全玻璃真空太阳集热管》GB/T 17049

《家用太阳能热水系统技术条件》GB/T 19141

《家用太阳热水系统热性能试验方法》GB/T 18708

结合《可再生能源建筑应用工程评价标准》GB/T 50801，太阳能热水系统的检测内容主要包括集热系统得热量、系统常规能源加热量、集热系统效率、太阳能保证率、环境效益评价、经济效益评价项目等。这些标准根据已有的评价指标制定，检测内容和对象不断增加，但各项指标主要还是对产品性能进行检测评价，而对系统整体性能及节能效果的检测工作却仍处于起步阶段，难以有效反应系统的能耗特性。

6.1 现有检测方法分析

6.1.1 检测方法概述

（1）检测项目与参数

对系统进行检测是为了支持工程评价，按照评价指标展开对系统运行参数的检测。现有太阳能热水系统的测评内容包括检测指标和计算指标，其中检测指标共 5 项，计算指标共 7 项，具体如表 6-1 所示。检测指标指需要在现场进行检测的项目，包括：集热系统进口温度、集热系统出口温度、集热系统流量、环境温度、环境空气流速；计算指标指不能通过现场检测直接获得，而是需要通过计算得到的指标，包括：集热系统得热量（Q_s）、系统常规能源辅助加热量（Q_f）、贮热水箱热损系数（U_{sl}）、集热系统效率（η_c）、太阳能保证率（f）、常规能源替代量（吨标准煤）和项目费效比。

太阳能热水系统测评内容汇总		表 6-1
	测试指标	计算指标
集热系统进口温度	√	
集热系统出口温度	√	

续表

	测试指标	计算指标
集热系统流量	√	
环境温度	√	
环境空气流速	√	
集热系统得热量		√
系统常规能源加热量		√
贮热水箱热损系数		√
集热系统效率		√
太阳能保证率		√
常规能源替代量（吨标准煤）		√
项目费效比		√

各计算指标的计算方法如下：

1）集热系统得热量

集热系统得热量是由太阳能集热系统中太阳集热器提供的有用能量，单位：MJ/d。检测过程应满足太阳能辐射强度要达到标准要求的范围，测量集热系统进口温度、集热系统出口温度、集热系统流量、环境温度和环境空气流速等参数，并记录检测时间。当测量上述参数时，集热器进出口温度、流量采样时间间隔不得小于 1min，记录时间间隔不得大于 10min，太阳能集热系统得热量 Q_s 根据记录的温度、流量等数据计算得出。当采用热量表检测上述参数时，太阳能集热系统得热量 Q_s 可以直接测得。

2）系统常规能源加热量

系统常规能源加热量是系统中辅助热源所消耗的常规能源量。检测过程应满足太阳能辐射强度要达到标准要求的范围，检测参数为辅助能源加热量、环境温度和环境空气流速等，并记录检测时间。当采用电作为辅助热源时，直接测量耗电量。当采用其他热源为辅助能源时，系统常规能源加热量的测量方法同集热系统得热量的测量。

3）贮热水箱热损系数

贮热水箱热损系数是表征贮热水箱保温性能的参数，单位：W/℃。选取一天，检测开始时间为晚上 8 点，且开始时贮热水箱水温不得低于 40℃，与水箱所处环境温度差不小于 20℃，第二天早上 6 点结束，共计 10h；记录开始时贮热水箱内水温度、结束时贮热水箱内水温度、贮热水箱容水量和贮热水箱附近环境温度，并记录检测时间。

贮热水箱热损系数用式（6-1）计算：

$$U_{sl} = \frac{\rho c V_t}{\Delta t} \ln \frac{T_b - T_{av}}{T_e - T_{av}}$$

（6-1）

式中　U_{sl}——贮热水箱热损系数，W/℃；

　　　ρ——水的密度，kg/m³；

　　　c——水的比热容，J/（kg·℃）；

　　　V_t——贮热水箱容水量，m³；

　　　Δt——降温时间，s；

　　　T_b——开始时贮热水箱内水温度，℃；

　　　T_e——结束时贮热水箱内水温度，℃；

　　　T_{av}——降温期间平均环境温度，℃。

　　4）集热系统效率

　　集热系统效率为在检测期间内太阳能集热系统有用得热量与同一检测期内投射在太阳能集热器上的日太阳辐照能量之比。检测过程应满足太阳能辐射强度要达到标准要求的范围，检测参数包括太阳能集热器采光面积、太阳辐照量、集热系统进口温度、集热系统出口温度、集热系统流量、环境温度和环境空气流速，并记录检测时间。

　　集热系统效率用式（6-2）计算：

$$\eta_c = \frac{Q_s}{A_c H} \tag{6-2}$$

式中　η_c——集热系统效率，%；

　　　Q_s——太阳能集热系统得热量，MJ；

　　　A_c——太阳能集热器采光面积，m²；

　　　H——太阳能集热器采光面上的太阳能辐照量，MJ/m²。

　　5）太阳能保证率

　　太阳能保证率是系统中太阳能部分提供的能量与系统需要的总能量之比。检测过程应满足太阳能辐射强度要达到标准要求的范围，检测参数包括太阳能集热器采光面积、太阳辐照量、集热系统进口温度、集热系统出口温度、集热系统流量、环境温度、环境空气流速和辅助能源加热量，并记录检测时间。

　　系统太阳能保证率用式（6-3）计算：

$$f = \frac{Q_s}{Q_T} \tag{6-3}$$

式中　f——系统太阳能保证率；

　　　Q_s——太阳能集热系统得热量，MJ；

　　　Q_T——系统需要的总能量，MJ。

　　系统需要的总能量 Q_T 用式（6-4）计算：

$$Q_T = Q_s + Q_f \tag{6-4}$$

式中　Q_f——辅助热源加热量，MJ。

　　（2）系统"热"性能检测方法

　　目前常用两种方法对太阳能热水工程系统性能进行检测，即混水法和排水法。其中，混水法主要针对家用太阳能系统性能检测，排水法则主要针对住宅集中式太阳能热水系统性能进行检测。

1）混水法

我国的家用太阳能产品标准基本上以系统单位采光面积的日有用得热量作为系统性能的判断依据和市场的准入准则。而系统单位采光面积的日有用得热量检测方法的现行国标《家用太阳热水系统热性能试验方法》GB/T 18708 确定了两种试验方法——混水法和排水法。对于系统日热性能检测，混水法被公认为方便快捷和准确性较高的方法，在国家检测中心、各省市检验机构及各大企业均广泛采用混水法。按照《带辅助能源的家用太阳能热水系统热性能试验方法》GB/T 25967、《太阳热水系统性能评定规范》GB/T 20095 等国家标准要求的方法。

系统工作 8h，从太阳正午时前 4h 到太阳正午时后 4h。集热器应在太阳正午后 4h 遮挡起来，启动混水泵，以 400～600L/h 的流量，将贮热水箱底部的水抽到顶部进行循环混合，使贮热水箱内的水温均匀化，至少 5min 内贮热水箱入口温度 T_1 的变化不大于 ±0.2℃，记录水箱内 3 个测温点的温度 T_1 或 3 个测温点的平均值即为集热实验结束时贮热水箱内的水温 T_e。

贮热水箱内水体积 V_s 中所含的得热量 $Q_{s,h}$ 按式（6-5）计算：

$$Q_{s,h} = \rho c V_s (T_e - T_b) \qquad (6-5)$$

2）排水法

系统工作 8h，从太阳正午时前 4h 到太阳正午时后 4h。集热器应在太阳正午后 4h 遮挡起来，在热水从系统中排放前的一个短时间内（10～20min），需通过泄水管将入口处的部分冷水放掉，以确保冷水入口处的温度控制器到贮热水箱入口之间的管道内的水温 T_b 稳定。从贮热水箱通过泄水管的流量应该为零，以 400～600L/h 的恒定流量将贮热水箱中的热水排出。补冷水温度应该为 T_b，即在系统预定条件时的温度。至少每 15s 应该测一次正在排出的水温 T_d，至少每放出贮热水箱容积的 1/10 时记录一个平均值。应利用所测得的温度作一个排水温度图。测量进入贮热水箱的水温和贮热水箱排出的水温。

排出的水应为贮热水箱容积的 3 倍，如果排出 3 倍于贮热水箱的容积后，贮热水箱排出的水温与进入贮热水箱的温差仍大于 ±1℃，则必须继续排水直到温差 ≤ ±1℃ 为止。此时，太阳能热水器所采集和储存的热量均已由排出的水带走。在排水期间，进入贮热水箱冷水温度的波动不超过 ±0.25℃，漂移不超过 0.2℃。

从贮热水箱排放热水时的流量是非常重要的，它能显著地影响排水温度曲线。因此流量控制器必须将通过贮热水箱的流量保持在预定值（400～600L/h）的 ±50L/h 范围内。

太阳能热水系统内所含得热量 Q_s 与排出水温 T_d 曲线和进口水温 T_j 曲线之间的面积成正比，计算如下：

$$Q_s = \sum_{i=1}^{n} m_i c (T_{di} - T_{ji}) \qquad (6-6)$$

为获得太阳能保证率这一评价指标，上述两种检测方法主要针对太阳能集热器性能进行检测，也就是说仅考虑集热系统集热性能，而对整个系统的"热"性能未予以考量。

（3）检测仪器与布置

太阳能建筑应用光热系统所采用的太阳能集热器、水箱等关键设备应具有相应的国家级安全性能合格的检测报告，符合国家相关产品标准的要求；系统应按原设计要求安装调试合格，并至少正常运行 3 天，方可以进行检测。此外，对于国家级示范项目必须按照检测的要求预留相关仪器的检测位置和条件，其用水量、水温等参数必须按照设计要求的条件进行检测：

①太阳能热水系统试验期间环境平均温度：$8℃ \leqslant T_a \leqslant 39℃$；

②环境空气的平均流动速率不大于 4m/s；

③至少应有 4 天试验结果具有的太阳辐照量分布在下列四段：$J_1 < 8MJ/（m^2 \cdot d）$；$8MJ/（m^2 \cdot d）\leqslant J_2 < 13MJ/（m^2 \cdot d）$；$13MJ/（m^2 \cdot d）\leqslant J_3 < 18MJ/（m^2 \cdot d）$；$18MJ/（m^2 \cdot d）\leqslant J_4$。

检测设备仪器包括温度自记仪（测量环境温度的温度仪表的准确度应为 ±0.5℃）、手持式风速仪（测量环境空气流速的风速仪的准确度应为 ±0.5m/s）、总日射表（应使用一级总日射表测量太阳辐射，并按国家规定进行校准）、温度测量系统（测量水温的温度仪表的准确度应为 ±0.2℃）、钢卷尺（测量长度的钢卷尺的准确度应为 ±1.0%）、电功率表（电功率表的测量误差：≤ 5%）、热量表或流量计和温度计（总体精度达到 OIML—R75 规定的 4 级标准，或者 EN1434 2 级精度）和时钟（计时的钟表的准确度应为 ±0.2%）。所有检测仪器、仪表都必须按国家规定进行校准，满足《家用太阳能热水系统热性能试验方法》GB/T 18708、《太阳热水系统性能评定规范》GB/T 20095 等标准对其的要求。按照检测项目，将所需参数、仪器等列出，如表 6-2 所示。

现有太阳能热水系统检测表   表 6-2

检测项目	技术手段或途径	检测仪器	参数
太阳能集热系统得热量	现场检测	总辐射表 热量表 温度计 流量计 钢卷尺	太阳辐射量 得热量 进出口温度 流量
水泵检测	现场检测	钳形功率计或电能表	检测期耗电量 或实时输入功率
水箱再热	现场检测	流量计、温度计、钳形功率计或电能表、气或油品计量器具	运行策略 出水温度 进水温度 水流量 设备耗能量 补水量 水温

从表 6-2 可以看出，现有检测指标主要围绕集热器展开，以便得到太阳能集热系统得热量。现场检测常采用太阳总辐射表和太阳散射辐射仪进行太阳辐照量数据采集。太阳能集热系统得热量可以用热量表直接测量，也可以通过分别测量进出口温度和流量后计算得出。

太阳辐射测点布置在屋面与集热器表面平行的斜面上安装太阳总辐射表，散射仪在屋面水平安装，且调节旋钮应正对南向。安装位置要确保辐射表感应面上无阴影遮挡。

在集热器上、下循环管上剥除保温材料，将热电偶与金属管壁紧贴固定后再将保温材料包好。对贮热水箱中的水温测点，将热电偶布置在位于水箱中部的感温套管内，管口加泡沫密封。涡轮流量计在集热系统的下循环管水平管段上及水箱循环进水水平管道上安装，液体流动方向应与传感器外壳上指示流向一致。传感器上游端保持 20 倍公称通径以上的长度的直管段，下游端保持不少于 5 倍公称直径的直管段。信号放大器和传输电缆插头做防水处理。

6.1.2　检测方法问题与探讨

根据上一节对现有检测方法的概述，可以发现以下几个问题：

（1）检测条件与实际使用情况有较大差异

通常来说，大多住宅集中式太阳能生活热水系统项目是全年运行的，部分对于热水需求高的住宅小区，还要求 24h 供应热水。按照规范中的要求，试验期间环境平均温度 $8℃ \leq T_a \leq 39℃$、环境空气的平均流动速率不大于 4m/s 等环境条件，但用户未必就会在平均温度满足检测条件的时段使用热水，也就是检测条件与用户使用系统的条件不匹配，未能体现出检测条件的约束性。

为了满足检测要求的热水负荷，一般做法是模拟用户用水，而采取"放水"测试。但此方法却不能真实反映实际用水需求。通过既有检测数据，在进行反推计算时发现，得到平均实际热水用量 52L/（人·d），这与设计时的用水定额相差无异，却与实际使用可能存在较大的差异。究其原因，与系统检测中的放水测试有关。与一些开展检测工作的人员交流，他们基本都表示在实际工程检测中，基本不会为了模拟用户用水而进行"放水"测试。在《国家可再生能源建筑规模化应用示范项目测评报告》中也没有表明"放水"测试的具体条件和要求。这样，检测过程就很难客观反映系统实际的热性能了。

根据以上分析可知，现有标准中的检测方法仅偏重于设计阶段，夸大了集热系统对于整个系统的能源贡献，难以反映运行后的系统性能问题，应充分考虑上述问题，提高检测方法的系统性、科学性和实际可操作性，给出一套完成可行的检测方案手册，指导工程人员进行工程检测。

（2）不能整体反映系统的"热"性能状况

《太阳热水系统性能评定规范》GB/T 20095 明确指出，系统检测内容包括热性能检测、安全性能检测、系统关键部位检测、外观质量等。在此，仅就系统热性能进行探讨。一些学者研究探讨太阳能热水系统工程检测存在的问题：廖春波等在对杭州地区分户式太阳能热水系统进行热性能实测研究中，发现部分系统集热效率高、太阳能保证率却很低；陈希琳等人通过对不同地区的不同系统调查检测发现，系统运行效果受到用户使用模式、系统形式等因素的影响，检测方法应因地制宜，并针对不同使用模式及系统形式进行细化。

为深入了解住宅集中式太阳能热水系统现有检测情况，对多份《国家可再生能源建筑规模化应用示范项目测评报告》检测数据进行了分析，数据样本包括 47 个住宅建筑的太阳能生活热水项目，涉及 72 个系统和 258 条日检测数据。根据既有的检测数据，剖析由检测数据反映出的问题是：由于评价指标主要是太阳能保证率，目前所有的工程检测主要仍围绕太阳能集热系统展开，未能客观描述系统实际性能的优劣。

对于整个太阳能热水系统而言，主要有三个组成部分，即集热、辅热和用热部分。现有检测方法主要关注集热部分，且仅在工程验收阶段对集热系统进行检测。如混水法，仅针对日得热量进行检测，而不是以用户实际需求进行检测计算；排水法是通过集热器与贮热水箱的热量关系对集热侧得热量进行检测。其中，要求白天上一水箱冷水，由于温差较实际情况大，导致集热器换热量加大，这样的检测方法增大了太阳能集热侧对于系统整体得热量的贡献，实际运行过程中，辅热部分和用热情况则未被考虑在内。

从热量的角度讲，整个系统包括用户用热量、系统散热量、辅助能源加热量和集热系统得热量。根据《可再生能源建筑应用工程评价标准》GB/T 50801，检测得到的"集热系统得热量"是指太阳能集热器直接从太阳能获取的热量，而这部分热量要为用户所利用还会"大打折扣"。这是因为在集中式太阳能热水系统中、在热水循环过程中有大量的热量损失，主要发生在热水从贮热水箱到末端用户的管路中，贮热水箱和集热侧管道中。检测集中式太阳能热水系统项目，能量流动示意图如图 6-1 所示。

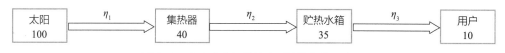

图 6-1 集中式太阳能热水系统的能流示意图

如图 6-1 所示，假设从太阳到达地面的热量为 100，由于集热效率 η_1 的存在，集热器实际接受转化的热量约为 40。这一部分热量，即现有标准中计算常规能源替代量时所用到的集热系统得热量。在系统实际运行过程中，集热循环侧中热水（载热工质）在集热器与贮热水箱中不断循环，从而把热量传递至贮热水箱中；在这个过程中存在管道循环散热量。此外，贮热水箱自身存在热量损失。因此，热量从集热器循环至贮热水箱后存在部分折减，假设这一部分的折减系数为 η_2，经折减后的热量减少至约 35。同理，供水循环侧中热水从贮热水箱循环至供水管再到各末端用户的过程中也伴随着巨大的管道散热损失，假设这一环节的热量折减系数为 η_3，经折减后从太阳能而来最终为用户所用的热量可能剩下约 10 左右。目前工程检测中，要求在太阳正午时前 4h 到太阳正午时后 4h 进行系统检测，但这时段并不是大多数用户用水的时段。无法反映真实的用户用热量和系统散热量的情况。如前所述，用户的用热方式会对系统的常规能源消耗产生显著的影响。当前的检测方法，也不能客观反映系统常规能源消耗量。

（3）难以反映实际常规能源的替代情况

根据《国家可再生能源建筑规模化应用示范项目测评报告》，需检测项目中包括系统常规能源替代量（Q_{bm}，吨标准煤），计算公式如下：

$$Q_{bm} = \frac{(x_1 Q_1 + x_2 Q_2 + x_3 Q_3 + x_4 Q_4)}{3.6} \times 342 \times 10^{-6} \qquad (6-7)$$

式中

Q_1、Q_2、Q_3、Q_4——具有以下四段 $J_1 < 8MJ/（m^2 \cdot d）$，$8MJ/（m^2 \cdot d）\leqslant J_2 < 13MJ/（m^2 \cdot d）$，$13MJ/（m^2 \cdot d）\leqslant J_3 < 18MJ/（m^2 \cdot d）$，$J_4 \geqslant 18MJ/（m^2 \cdot d）$ 辐照量之下的当日实测集热得热量，$MJ/（m^2 \cdot d）$；

x_1、x_2、x_3、x_4—— 一年之中分别具有以上四个辐照量日的天数。

通过上述公式可以发现，在实际检测当中，常规能源替代量并不是由实际用户的需求所用而得的，而是以集热系统的得热量来代替实际常规能源的使用。即仅仅考虑了第一环节的热量折减。其结果导致的问题就是，计算得到常规能源替代量偏大。由上述公式可知，只要项目中安装的太阳能集热板多，那么整个系统的集热系统计算的得热量就大，得到的常规能源替代量就高。

6.2　检测方法优化

6.2.1　检测内容及方法

基于上一节中所述现有检测方法的问题，本节探索太阳能热水系统检测的优化方法，根据系统"两进两出"热量平衡关系，以及第 5 章中提出的评价指标系，以全面描述系统运行状况和能耗水平，更好地反映系统实际运行情况。

针对现有检测方法的问题，优化检测方法对以下三个方面进行了考虑：

首先，根据优化的评价指标设计检测内容和方法，从跟踪太阳能转向跟踪常规能源。优化评价指标有太阳能有效利用率、常规能源有效替代率和系统热损比，全面考量了系统所包含的四部分热量。优化检测方法根据优化评价指标系，详细阐述了获得四部分热量的理论依据和具体过程，由检测得到的热量进一步计算得出相应的评价指标，从而对工程项目进行系统性和科学性的评价。

其次，根据不同的系统形式和不同的用热特点，进行检测。通过第 4 章案例检测和能耗数据分析，可以发现，集中集热集中辅热式系统能耗水平明显高于集中集热分散辅热式系统，这是由于该类系统循环过程中热量损失较大。优化检测方法根据系统形式和控制模式的不同，设计了相应的检测对象和参数，根据工程的实际情况开展检测工作。

最后，采用较为简化的检测方案，获得跟工程实际情况更为接近的系统"热"性能。根据第 3 章调研结果可以发现，用户用热量是变化中的量，即设计的用热负荷不一定等于实际用热负荷。优化检测方法以大量调查数据为基础，与实际使用情况更为接近，更加准确反映工程用热情况。

下面具体阐述提出的优化检测流程，检测内容和具体方案：

（1）检测方法

检测方法针对常见的系统形式，按照热量检测难易程度和工程掌握资料分几种情况展开讨论，并分别对其进行阐述，具体流程如表6-3所示。

集中式太阳能生活热水系统检测方案流程 表6-3

流程序号	主要步骤	详细内容
1	确定系统	系统形式 系统运行方式 与传热工质的关系
2	工程资料搜集	项目基本信息 系统设计图纸及说明 系统运行说明
3	确定检测参数开展检测	集热器进出口温度 集热器流量 管道井环境温度
4	计算未知热量	集热系统得热量 用户用热量 辅助能源加热量 系统散热量

首先，明确系统形式，例如集中集热集中辅热式系统或集中集热分散辅热式系统；其次，收集该项目的资料，以明确哪些参数可直接获得，哪些需要测量计算；再次，根据收集的材料，确定检测内容以及方法；最后，根据检测的数据进行整理，获得评价需要的指标。

（2）检测内容

以下将按照两种不同系统形式具体阐述检测内容。

第一，对于集中集热集中辅热式系统（主要是取水取热系统），常有以下情况，见表6-4。

太阳能热水集中集热集中辅热式系统测评内容 表6-4

集中集热集中辅热式系统			
辅助能源加热量	集热系统得热量	用户用热量	系统散热量
有计量数据	集热器面积 集热器倾斜角度 系统使用时间 集热器集热效率 当地典型年气象参数中逐时太阳辐射强度	热水收费记录 或用水量数据	模拟计算或能量平衡公式验证
无计量数据时，能量平衡关系计算			模拟计算 （管径材质、保温材料及厚度、建筑层高、管路设计图、贮热水箱出口温度、管井温度）

1）第一种情况，进行少量现场检测，依据已掌握的基本工程资料，通过计算就可以得到四部分热量关系，从而检测系统性能。当三个量中，有一个量无法通过计算获得，可根据能量平衡的原理，获得未知热量值。①对于能量输入侧：

A. 集热系统得热量：可根据式（6-8）进行计算。根据当地典型年气象参数中逐时太阳辐射强度，现场需测量和记录集热器面积、集热器倾斜角度、通过查看标牌或询问工程商获得集热效率。集热系统得热量可按式（6-8）计算：

$$Q_s = \left(\sum \phi\right) A_c \eta_{cd} t_c = \sum (\phi' + \phi'' \cos \alpha) A_c \eta_{cd} t_c \tag{6-8}$$

式中　Q_s——集热系统得热量；

A_c——集热器总面积，m^2；

ϕ——集热板总辐射，W/m^2；

ϕ'——散射辐射，W/m^2；

ϕ''——直射辐射，W/m^2；

α——集热器倾角值；

t_c——时间步长，s；

η_{cd}——集热器的标定集热效率，根据集热器产品的标定集热效率确定，经验值通常在 0.25～0.50 之间。

B. 辅助能源加热量：由物业所提供的燃气或电缴费单所示的数据计算出相应常规能源消耗量。

②对于能量输出侧：

A. 用户用热量：可根据水量的缴费单数据，生活热水用量及水温计算得到生活热水耗热量。若用户用水量未计量，结合第 3 章调研结果，可根据气候区选取相应的参考值，作为用户用水量。具体计算方法见式（6-9）：

$$Q_u = c m_c \Delta T \tag{6-9}$$

式中　c——热水比热容，$kJ/（kg \cdot ℃）$；

m_c——冷水量，kg/s；

ΔT——用户使用生活热水温度与冷水温度之差，℃。其中冷水温度根据《建筑给水排水设计规范》GB 50015 应以当地最冷月平均水温资料确定。

B. 系统散热量：可通过能量平衡原理，知三求一得到。

2）第二种情况，与第一种情况的主要区别是辅助能源加热量未知。这种情况下，可以先检测并计算系统散热量，再通过热量平衡关系，获得辅助能源加热量。对于系统散热量，由于该类系统管道内的水温基本稳定，管路散热量跟运行时间密切相关，得出单位时间内的散热量以及热水循环时间，即可得到系统散热量。获得单位时间内的散热量，现场需要对管径大小、供水温度、保温材料性能和管井空气温度等进行调查和测量，再利用圆筒壁散热模型的公式计算得出：

$$q_l = \frac{(T_w - T_f)\pi}{\frac{1}{2hr_1} + \frac{1}{2\lambda_1}\ln\frac{r_2}{r_1} + \frac{1}{2\lambda_2}\ln\frac{r_2}{r_1}} \quad (6\text{-}10)$$

式中 q_l——单位管段的散热量，W/m；

T_f——管井空气温度，℃；

h——对流换热系数，W/（$m^2 \cdot$ ℃）；

r——管道半径，m；

λ——管壁导热系数，W/（$m^2 \cdot$ ℃）。

将循环立管分层分段来计算，公式如下：

$$Q_P = Q_{P,P} = q_l l \quad (6\text{-}11)$$

式中 $Q_{P,P}$——循环管路的散热量，W；

q_l——单位管段的散热量，W/m；

l——循环管路总长度，m。

第二，对于集中集热分散辅热式系统（主要是取热不取水系统），常有以下情况，见表6-5。

集中集热分散辅热式太阳能热水系统检测内容   表 6-5

集中集热分散辅热式系统			
辅助能源加热量	集热系统得热量	用户用热量	系统散热量
有单独计量	集热器面积 集热器倾斜角度 系统使用时间 集热器集热效率 当地典型年气象 参数中逐时太阳 辐射强度	用热水量统计数据	模拟计算或能量平衡公式验证
无单独计量，能量平衡公式 计算			模拟计算 （管段管径材质 保温材料和厚度 建筑层高、管路布置图、贮热 水箱出口温度管井温度）

系统形式不影响集热系统得热量的测算，故计算方法与上述集中集热集中辅热式系统相同。

用户用热量可根据调研得到的用户水量，即根据气候区选择相应的生活热水用量进行估算，由生活热水用量及水温可计算得到生活热水耗热量，用户用热量计算方法如下：

$$Q_u = c\rho V\Delta T \quad (6\text{-}12)$$

式中 c——水的比热容，取 4.2 kJ/（kg·℃）；

ρ——水的密度，取 1000kg/m^3；

V——生活热水量，L；通过前面对居民生活热水用量的调查，可以认为用水用量约为 32L/（人·d）；

ΔT——用户使用生活热水温度与冷水温度之差，℃。其中冷水温度根据《建筑给水排水设计规范》GB 50015 应以当地最冷月平均水温资料确定。

对于辅助能源加热量和系统散热量，都无法直接通过计算获得，需进行检测。常有以下情况：

当末端使用电为辅助能源时，只需在检测时入户布置具备连续记录功能的插座式电能计量仪进行电量的测量，即可得到辅助能源加热量。根据能量平衡原理，知三求一，可计算得到循环管路散热量。但由于辅助能源在用户户内，户间用水习惯差异性较大，检测较为不便。此外，当末端为燃气辅热时，燃气的消耗量没有单独计量，所以无法获得燃气作为辅助能源的加热量，故系统散热量的测算，主要测量管径大小、供回水温度、保温材料和管井温度，再利用圆筒壁散热模型的公式计算获得，详见式（6-10）和式（6-11）。

（3）具体方案

整个检测时长不少于连续的 24h，检测不宜在阴雨天进行，应保证检测时间内太阳能集热器处于正常工作状态，不同系统形式具体方案会略有不同，如表 6-6 所示。

通过检测内容的分析介绍，可以发现，四部分热量并不是必须都在实际现场检测。实际上，对于集热量来说，可通过公式计算也可现场检测；对于用户用热量来说，除了到物业处查看水费缴费单（表）以外，主要就是根据调研的用水量数据概算出用户用热量。所以这部分热量不必进行现场检测。对于辅助能源加热量和系统管路散热量来说，需要确定其中一个才能有平衡方程确定所有热量。检测时，通常会选择一个容易测得的量进行检测。

太阳能热水系统检测说明表 表 6-6

系统形式	检测热量	检测参数	检测周期、检测数量
分散辅热系统	辅助能源加热量	用电量	不少于连续的 24h 检测数量不少于总用户数量的 10%
		用燃气量	
两种系统形式皆可	系统散热量	贮热水箱出口处管段温度	不少于连续的 24h 检测步长为 1min
		贮热水箱入口处管段温度	
		管井温度	

1）系统散热量

系统散热量是现场测量的主要对象。

检测时，将温度自记仪布置在贮热水箱出口处的管段上、贮热水箱进口处管段上和管井处，管道有保温的需将测头固定在保温层内，并用原来的保温材料遮盖好。此处，贮热水箱出口处的管段温度值近似等于贮热水箱出口处温度，将热电偶与金属管壁紧贴固定后再将保温材料包好并加以固定。核查保温材料的材质，保温材料的厚度。并使用多通道记录仪，采集至少连续的 24 个小时的温度变化。

2）辅助能源加热量

若太阳能热水工程系统采用电作为辅助热源，为测量系统的辅助能源耗能量，可直接用插座式的电表测量系统的耗电量，将其布置于户内加热设备插座处。对于采用燃气作为辅助热源的太阳能热水系统，则应通过测量燃气耗气量来计算辅助能源耗能量，可直接使用燃气表布置于户内，检测当天累计用量。检测数量不少于总用户数量的10%，检测时长需保证不少于连续的24h，进而推算全年用量。

需要特别说明的是，这部分测量与各个用户对辅助热源开启、运行时间的设置密切相关，且无明显的规律性。因此这部分能量宜通过太阳能热水系统能量平衡方程来确定。即在理论计算中，先计算出其他三部分能量，再通过"两进两出"的能量平衡关系估算出系统中辅助能源加热量。

6.2.2 检测方法比较

优化检测方法与现有检测方法相比较，检测思路上发生巨大的变化，见表6-7所示。首先，考虑到不同系统的特点，根据工程实际情况制定了检测方案。其次，将重点由原来仅检测集热系统得热量转变为检测"整个系统"热量状况。再次，优化检测方法从现有短期检测转变为长期监测（全年模拟），将更接近实际地反映系统在运行中的"热"性能情况和能耗水平。

从检测过程来看，以得到四部分热量为目标，充分利用已知的工程参数（如系统安装角度、面积、集热效率和运行策略等）补充检测若干工况参数，进行全年动态能耗计算，通过热量平衡的方法，简化了检测内容和过程，大大缩减了繁杂的检测程序、项目和仪器设备，同时缩短了检测的时间，减少了检测限制条件，降低了检测的成本。

太阳能热水系统检测方法对比表　　　　　　　　　表6-7

优化检测方法			现有检测方法		
检测项目	途径	仪器	检测项目	途径	仪器
集热系统得热量	软件模拟	—	集热系统得热量	现场检测	总辐射表 热量表 温度计 流量计
辅助能源加热量	能量平衡法	功率计	—	—	—
	计量数据（优先）	电表/燃气表	—	—	—
用户用热量	调查数据	—	—	—	—
	计量数据（优先）	水表	—	—	—
系统散热量	模拟计算	—	水箱再热（直接系统）	现场检测	流量计 温度计

6.3　小结

本章首先探讨了现有太阳能热水系统检测方法的不足之处，根据第 5 章提出的评价指标提出了优化检测方法。以太阳能热水系统"两进两出"能量平衡为理论基础，基于实际应用的角度，将检测的思路由原来追踪太阳能转变为追踪常规能源，由短期检测转变为长期监测（全年模拟），进而更好地反映系统应用的实际效果。

1）对两种常见的集中系统形式，确定了相应检测方案和具体检测参数。充分利用热力学基本原理，结合工程实际情况和检测目标简化了检测过程。

2）辅助能源加热量和系统散热量，是现场检测主要的项目。按照热量的检测难易、检测参数、检测设备、检测周期做出了详细说明，有助于指导现场实际操作。

第 7 章

太阳能热水系统设计与
运行管理优化

通过前面对于太阳能热水系统工程案例与评价方法的探讨，为了提高太阳能热水系统的应用效果，应从设计方面着手分析。结合实际调查的热水使用方式以及热水供应策略，设计时，仅仅着眼于收集更多的太阳能热量是不够的；从系统的角度看，需要从热水的供应与需求关系出发，以节能性和经济性作为目标，综合考虑太阳能集热器、贮热水箱、管网及热水输送控制策略等参数，优化太阳能热水系统的设计，实现更好的应用和推广效果。本章首先研究现有的设计方法，分析当前设计方法特点及存在的问题；进而结合实际案例分析，对设计时应考虑的重点问题以及设计方法进行探讨，给出系统设计时需要重点考虑的参数与目标；在系统运行阶段，根据使用需求的差异对控制策略进行调整，也是设计时应预先考虑的；在本章的最后，以多层住宅为对象给出了集中式热水系统设计方案，为行业相关人员提供参考。

7.1 建设与运行环节关系的思辨

太阳能热水系统的设计，是诸多工程设计的一种。从整个工程过程来看，包括规划、设计、施工、运行和维护等多个环节。每个环节都有其相应的责任和利益相关方，每个环节的目标和方案由这些相关方来决定。太阳能热水系统方案和实际运行效果受到不同环节的影响，即某一个环节中的某一个相关方不能决定系统的性能。了解和协调各个相关方的要求和参与方式，对工程的过程管理进行系统设计，整体把握才能保证工程实现全过程的节能和经济性目标。

对各环节的相关方及其目标、参与方式和约束条件进行分析，如表7-1所示。经济性是各个环节相关方所关注的重点，对于建设方，经济性即更少的设计费用、产品成本，在设计环节节能性要求主要体现在相关标准中；设计方为实现经济效益，会在满足标准要求下，尽可能简化设计；在运行环节，经济性与节能性挂钩，是各相关方共同的目标。从不同环节各相关方的关系看，设计方和施工方都需要根据建设方的要求参与工程建设，向建设方负责；在运行和维护环节，以用户为核心，运行方和技术提供方需要提供相应的服务来实现其经济效益。然而，运行方能否实现经济效益，还受到系统方案的约束，只能在建成系统的条件下，通过优化运行管理策略实现节能和经济性目标。因此，设计与运行环节的沟通十分重要，设计方、运行方和用户之间的相互了解，有助于提高系统实际运行节能和经济效益。

从参与方式来看，设计方依据相关标准开展设计，施工方按照设计方案进行建设，建设方通过对这两个相关方提出要求而影响方案，运行方则根据已设计建设好的系统进行运维管理。设计方对系统的方案最了解，运行方对系统性能的要求最高（并非建设方）。这几方面通过太阳能热水系统产生联系，如图7-1所示，由于建设方与运行过程中性能不直接联系，建设方没有直接动力推动运营过程中的节能，同时，现阶段的各类标准主要从设计阶段进行考虑，各项指标和实际运行有较大的出入（下面将具体讨论），设计人员没有动力或渠道与运行方进行协调和优化方案，这也使得热水系统一旦投入使用，发现设计方面存在的问题无法解决时，只能够停止使用。

各环节相关方及其参与情况　　　　　　　　　　　　表 7-1

环节	相关方	目标	参与方式	约束
设计	设计方	完成建设方要求、效率	提供设计方案	标准（含节能性标准）
	建设方	经济、方案可行	对方案提要求	预算
施工	施工方	完成建设方要求、经济	按方案施工建设	标准、工期
	建设方	经济、保证质量	管理施工进程	预算
运行	运行方	经济（与节能相关）、满足用户要求	控制管理系统、协调用户、收费	系统方案
	用户	舒适、经济（与节能相关）	缴纳费用、向运行方反映问题	系统方案与运行条件
维护	运行方	经济、效率	直接进行检修或者向提供方求助	系统方案和产品质量
	产品提供方	经济、效率	提供维修服务	维修时间

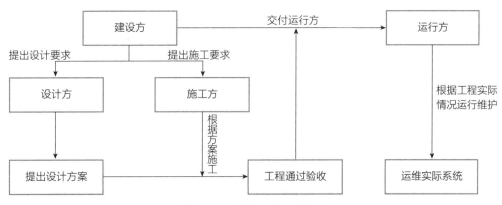

图 7-1　工程各相关方的关系

　　由于当前建设与运行管理的分离，实际工程中设计人员与运行人员也常常不能直接交流。在许多实际工程中发现，尽管设计方案能够取得了良好的节能效果（保证率通常在50%以上），运行过程实际还需要消耗大量的常规能源，加上运行人员和系统维护成本，太阳能热水系统的经济性可能比常规燃气或电加热差。这就出现了从工程末端环节（运行维护）到开头环节（规划设计）都对系统产生较差的评价，使得太阳能热水系统难以得到进一步推广应用。

　　要解决这方面问题，要从目标、参与方式和约束条件三个方面考虑。

　　首先，应该协调好建设与运行管理的关系，使得两者在目标上尽量达到一致，有两种可能的方法：第一，使得建设方的经济性目标与节能性结合起来，例如降低节能产品价格、征收低效产品税收等；第二，将运行阶段的节能收益与建设方共享，例如，让建设方参与到运行管理中，或者将运行节能的效益以一定的比例与建设方共享。对于学校、医院或宾馆等建筑，太阳能生活热水系统的建设方通常需要向运行方负责，或者本身同时也是运行方，这也是其应用效果较大多数住宅太阳能生活热水系统好的重要原因。

其次，使得各相关方在参与方式方面合作更为密切。在建设方把握经济性和节能性目标的基础上，促进设计方、施工方和运行方在系统方案上的互动，包括前期设计、施工建设和运行管理等环节，围绕优化系统方案进行深入沟通。例如，将运行环节遇到的问题反馈给设计人员，解决由于运行方对不同工况控制策略不理解问题，由于运行工况与设计工况不相符的问题等。

再次，改进设计标准并提出运行方面的标准，完善标准体系。太阳能生活热水系统的应用效果与气候条件、用能需求、系统性能和运行管理等方面有密切的关系，现有的标准中，对于气候方面主要考虑了太阳能辐照量参数，气温对系统正常运行也有显著的影响，不同气候区差异应考虑到标准中；从调查数据来看，居民用热水需求跟标准给定的条件有较大的差异，不同地区由于季节变化也有用热需求变化，在设计时也应该考虑气候区和季节的变化；对于系统性能的规定主要是太阳能保证率，从热量平衡关系和实际运行情况来看，保证率并不能准确反映系统性能，应该改进现有的性能评价指标；在系统运行过程中，运行方根据设计方案给定的控制策略进行运行管理，实际使用受到入住率、天气情况和其他实际工程条件的影响，运行方也需要相关的标准支撑。

综合以上来看，为推动太阳能热水系统的应用，应从建设和运行管理机制上进行优化，加强设计与运行环节的交流并不断完善现有的标准。下面将从设计与运行的主要问题出发，讨论现有标准和工程中有待提高的地方；从推动各相关方沟通，提出基于实际工程需求的设计与运行方法。

7.2 系统设计与运行问题分析

7.2.1 设计环节

（1）现有设计标准中的主要内容

2005年建设部颁布实施了《民用建筑太阳能热水系统应用技术规范》GB 50364，为太阳能热水系统在民用建筑上的应用奠定了技术基础。随后颁布的国家建筑标准设计图集《太阳能集热系统设计与安装》06K503和《太阳能集中热水系统选用与安装》06SS128，为建筑设计工程师提供了设计依据。为了保证工程应用效果，要求工程竣工后依据《可再生能源建筑应用工程评价标准》GB/T 50801进行评价，在系统设计时往往会依据评价指标进行参数选择。

太阳能热水系统主要构件包括太阳能集热器、贮水箱、辅助能源加热设备、管路和水泵等。对于太阳能热水系统设计，主要需要确定集热器面积、贮水箱容积、辅助热源位置和形式以及热水管路形式等。在此基础上，可以综合考虑业主需求、工程特点和经济性等选择不同类型的部件。根据《民用建筑太阳能热水系统应用技术规范》GB 50364，太阳能热水系统设计应纳入建筑给水排水设计，并应符合国家现行有关标准的要求。根据《民用建筑太阳能热水系统应用技术规范》GB 50364和《建筑给水排水设计规范》GB 50015，太阳能热水系统设计流程可简要归纳为确定用户需求、计算耗量和选择系统形式等六个环节，如图7-2。关键设计参数包括：太阳日照时间、用水量定额、热水温度、冷水温度、环境温度、入住率、热水负荷、太阳能保证率、集热器平均热效率和系统效率等。下面基于《民用建筑太阳能热水系统应用技术规范》GB 50364 对太阳能热水系统设计方法进行分析讨论。

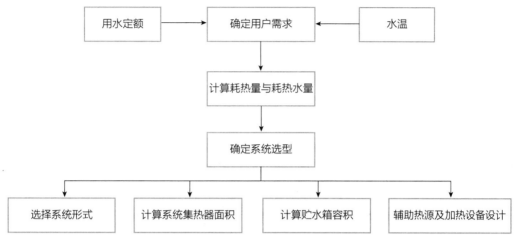

图 7-2　太阳能热水系统设计流程图

1）集热器面积

太阳能集热器面积主要根据日均用水量、当地年平均日太阳辐射量、集热器集热效率和太阳能保证率等参数进行计算。在对系统进行设计时，集热器设计面积与用户用水量需求、太阳能保证率以及水温升成正比，与当地太阳能辐照条件和集热效率成反比；考虑系统水箱和管路存在热损失，当损失热量比重越大，所需要的集热面积也越大。此外，由于是否有生活热水与集热器内工质之间换热，直接系统和间接系统的集热面积计算方法不同。

根据《民用建筑太阳能热水系统应用技术规范》GB 50364，直接系统集热器总面积可根据表 7-2 中的公式进行计算：

集热器面积的计算方法　　　　　　　　　　　表 7-2

直接系统集热器总面积	间接系统集热器总面积
$$A_c = \dfrac{Q_w C_w (T_{end} - T_i) f}{J_T \eta_{cd} (1 - \eta_L)}$$	$$A_{IN} = A_c \cdot \left(1 + \dfrac{F_R U_L \cdot A_c}{U_{hx} \cdot A_{hx}}\right)$$
式中 A_c——集热器面积，m^2； Q_w——日均用水量，L； c——水的比热容，kJ/（kg·℃）； T_{end}——水箱内水的设计温度，℃； T_i——水的初始温度，℃； J_T——当地集热器采光面上的年平均日太阳能辐照量，kJ/m^2； f——太阳能保证率，%；根据系统使用期内的太阳辐照、系统经济性及用户要求等因素综合考虑后确定，宜为 30%～80%； η_{cd}——集热器的年平均集热效率，根据经验取值宜为 0.25～0.50，具体取值应根据集热器产品的实际检测结果而定； η_L——水箱和管路的热损失率；根据经验取值宜为 0.20～0.30	式中 A_{IN}——间接系统集热器总面积，m^2； $F_R U_L$——集热器总热损系数，W/（m^2·℃）； U_{hx}——换热器传热系数，W/（m^2·℃）； A_{hx}——换热器面积，m^2

太阳能集热器面积是影响系统集热量以及系统初投资的主要参数，各个参数选择的合理性、准确性直接关系工程经济技术合理性。设计参数影响因素多，取值范围较大，可能造成计算结果差异较大。从节能、节水的目的出发，在计算集热器面积时，应进行精细的分析，避免设计参数取值问题造成系统经济性和实际节能效果问题。

实际工程来看，我国地域辽阔，南北纬度跨域超过 50 度，太阳能资源差异巨大，设计参数相关数据过于笼统，不能满足精细、准确的设计计算要求。目前太阳能集热器面积一般采取估算法，对家用或小型系统而言是可行的，但对大型太阳能系统采用估算法误差较大，可能造成重大投资损失，更谈不上节能、节水。

现有的太阳能集热器通常可以分为平板型和真空管型两类，因产品形式各异而产生了不同的集热器面积内涵。不同集热器面积在工程中用途不同，对集热器全年平均集热效率、太阳能集热器总面积计算均有较大影响。常用集热器面积的种类划分见表 7-3 所示。平板型集热器构造单一，集热器总面积、轮廓面积（采光面积）差异不大；真空管集热器不同品牌其集热器面积存在较大差异，各企业产品标准也不同，应注意区分。

集热器面积的不同内涵   表 7-3

名称	定义与描述	主要用途	备注
总面积	外形尺寸的投影面积	工程量的计算、检测瞬时效率	根据公式计算
轮廓面积	平板型为外形尺寸的投影面积；真空管为扣除联集箱和尾座的投影面积	计算系统效率值、测定计算 q_1 指标	由产品构造形式确定，根据产品测量
采光面积	平板型为净面积；真空管为投影面积	检测瞬时效率	由产品构造形式确定（企业提供）
吸热体面积	真空管内吸热体接受阳光正投影的面积	检测瞬时效率	由产品构造形式确定（企业提供）

2）贮水箱和辅助加热

对于太阳能热水系统，贮水箱通常是不可或缺的装置。贮水箱通常有承压式水箱和非承压式水箱之分，如果与外界空气不连通则称为承压式水箱，如果与外界连通则称为非承压式水箱。系统从太阳收集的热量与用户用热需求不同步，热水升温也是一个较缓慢的过程。贮水箱将集热器收集的热量储存起来，以供用户用热水时使用。如果贮水箱容积太大，直接带来成本问题；如果贮水箱容积较小，当太阳能较为充足时，贮水箱水温达到上限，集热器内工质温度过高将不得不停止集热，不利于太阳能的充分利用。

在《民用建筑太阳能热水系统应用技术规范》GB 50364 中，对于贮水箱容积进行了如下规定：①集中供热水系统的贮水箱容积应根据日用热水小时变化曲线及太阳能集热系统的供热能力和运行规律，以及常规能源辅助加热装置的运行策略、加热特性和自动温度控制装置等因素按积分曲线计算确定。②间接系统太阳能集热器产生的热用作容积式水加热器或加热水箱时，贮水箱的贮热量应符合表 7-4 的要求。

贮水箱的贮热量　　　　　　　　　表 7-4

加热设备	以蒸汽或 95℃以上高温水为热媒		以 ≤ 95℃高温水为热媒	
	公共建筑	居住建筑	公共建筑	居住建筑
容积式水加热器或加热水箱	≥ 30minQ_h	≥ 45minQ_h	≥ 60minQ_h	≥ 90minQ_h

注：Q_h 为设计小时耗热量（W）。

对于辅助能源加热设备，主要需要确定能源种类和安装位置。辅助热源的能源类型，主要包括电和燃气，安装位置可以分为集中加热和分散在末端用户加热两种。在《民用建筑太阳能热水系统应用技术规范》GB 50364 中提出，对辅助热源的种类"应根据建筑物使用特点、热水用量、能源供应、维护管理及卫生防菌等因素选择，并应符合现行国家标准《建筑给水排水设计规范》GB 50015 的有关规定"。举例来看，对于宾馆类建筑，热水用量较大，为便于维护管理，辅助热源宜集中设置并采用燃气；对于居住建筑，由于各户生活习惯不同，在末端设置辅助热源便于用户灵活使用，且节省能源。在一般小型太阳能热水系统中大多以电为辅助能源。对于较大型的太阳能热水系统宜采用电热锅炉设备辅助加热，这样安全耐用。当以城市热网、自备燃油、燃气热水机组等的蒸汽或热水为辅助热源时，可按常规热源的方式选用水加热设备。

辅助热源的控制策略，是影响太阳能集热系统能否高效利用太阳能的重要因素。例如，有的厂家提供的太阳能集热系统，采用低谷电辅热，设定每天深夜 12 点以后启动辅助热源，这种控制方式虽然利用了廉价的低谷电，但晚上已将集热水箱的水加热，而此后热水用水量很少，到第二天集热水箱中的水仍是高温热水，根本无法再集取太阳能中的辐射热了；有的产品采用集热、辅热二者合一的做法，虽然省了一次投资，但其控制麻烦，控制不好则全成了辅助热源加热水，太阳能集热成了摆设。因此，太阳能集中热水供应系统对两个热源的合理控制对于充分集取太阳能热源至关重要。

3）系统规模与加热形式

太阳能集中热水供应系统的规模不宜过大，《小区集中生活热水供应设计规程》CECS222 中提出：集热器阵列总出水口至贮热水箱的距离不宜大于 300m。对于大的小区，如要求采用太阳能集中热水供应系统，则宜以单幢或邻近几幢为一小系统，这样做虽然增加了站室，但从节能这个大前提来衡量是合理的。

集中太阳能热水系统采用直接加热还是采用集热热媒换热的间接加热方式，应该说两者均有其优缺点。直接加热效率较高，间接加热有利于集热器防垢，延长其使用寿命；间接系统的集热温度较高，贮水箱可小于直接系统。尽管间接系统需增加换热设备及循环泵，实际工程应用量较直接系统更多。

由于太阳能密度较低，间接系统需要换热才能将冷水加热到所需温度，换热器两侧温差较小，如果采用常规换热器，换热面积将很大，因此，该系统如选用导流型容积式换热器、半容积式、半即热式等换热器，再匹配太阳能集热系统必须配备的大容积贮热设备就明显不经济、不合理。对于这种系统，适宜的换热方式是常规系统很少采用的板式快速换热器配合储热设备联合工作制备热水。

4）系统的安全设计

太阳能集中热水供应系统的安全措施主要是防爆、防过热、防冻。由于太阳能是不可控制的热源，当热水供应系统未投入使用，或系统使用过程中由于使用人数较少，导致耗热负荷远低于太阳能集热量时，集热系统的介质将被加热到超过100℃，集热器组件之间的连接很容易被烧坏，太阳能集热系统防高温、防爆的安全措施是设计不可忽视的内容。目前，国内常见的措施主要包括在集热系统管路上设膨胀罐、安全阀、放气器以及采取遮阳措施。

集热系统的防爆除采取上述措施外，系统采用的管材、管件、阀件等应采用耐高温的材质。夏季太阳能辐射最强时，集热管内介质温度可高达200℃，因此集热系统一般宜采用不锈钢管及相应的管件。

集热系统的防过热，一是防止水加热设备及热水管道的严重结垢，影响系统的使用寿命及供水效果；二是防止水温过高烫伤人。因此，太阳能集中热水系统无论是直接供水或间接供水，均必须设置控制被加热水温度的有效措施，一般可采用温度传感器控制电磁阀或循环泵的启闭，控制被加热水温度不超过65℃。

有结冻可能及北方寒冷地区的太阳能集中热水系统，应考虑集热系统的防冻。当前，国内常采用的措施有排空、排回、添加防冻剂、倒循环等。①排空法，指直接供水系统有可能冻结时，将集热系统内的水排空；②排回法，指间接供水的系统有可能结冻时，将集热器及管路内的热媒水泄至热媒水箱，第二天集热时，再将热媒水泵入集热系统，此方法一般适用于较小的系统；③添加防冻液，在太阳能集热系统中添加一定浓度的氧化钙、乙醇（酒精）、甲醇等防冻剂，使集热系统介质不冻结。这种方法简单，但防冻剂均有腐蚀性，尤其是介质高温时（≥115℃时）具有强烈的腐蚀性，此外，防冻剂易挥发、氧化，一般价格较高且需经常补充，综合来看添加防冻剂的措施一般宜用于冰冻期较长的寒冷地区的较大型系统；④利用集热循环泵倒循环，即集热系统在冰冻时通过温度传感器控制集热循环泵，将集热水箱中的热水返到集热器与管路，保持集热介质不冻，这种方法存在的缺点是需要消耗更多的电。缓解这个问题的做法：一是加强集热管道的保温；二是减少系统阻力损失，选择高效循环泵；三是尽量缩短循环泵运行时间。

太阳能集中热水供应系统的设计涉及建筑、结构、电气等多个专业，涉及选用各项设备型号及相应产品等诸多工作，实际工程中，应因地制宜以求设计出一个真正高效实用的太阳能集中热水供应系统。

现有的设计方法中，日均用水量、太阳能保证率和水箱设计水温是进行集中式太阳能热水系统设计的重要指标参数，这几项指标在现有的标准或规范中有相应的规定。设计时，日均用水量要求按照《建筑给水排水设计规范》GB 50015中热水用水定额中下限进行取值，水箱设计水温同样按照该规范中60℃进行计算。太阳能保证率往往是设计人员根据经验取值，一些地方在制定本地区的相关标准和太阳能热水强制安装政策时，结合当地的太阳能资源情况会提供相应推荐值，如《北京市居住建筑节能设计标准》DB11-891 中计算集热器面积时，规定了最低太阳能保证率按照 50% 进行计算。通过实际调查以及前面对评价指标的分析，现有设计方法在指标的选取以及相应的指标值确定存在一些问题，下面具体展开。

（2）设计标准中的主要问题

1）日均用水量取值偏大

根据前面调查情况看，《建筑给水排水设计规范》GB 50015 中人均洗浴热水用量设计值最小为 60L/（人·d），调查发现，实际热水用量主要分布在 30~40L/（人·d），如图 7-3 所示。系统设计温度为 60℃，用户实际用热水时水温通常在 40℃左右，这样一来，太阳能集热器提供的热水量可能是实际热水量需求的 4 倍。对系统来说，设计用量偏大通常意味着选择更大的集热面积和贮热水箱，也意味着更多的初投资，占用更多的屋顶资源和实际系统有效太阳能利用效率偏低等问题。

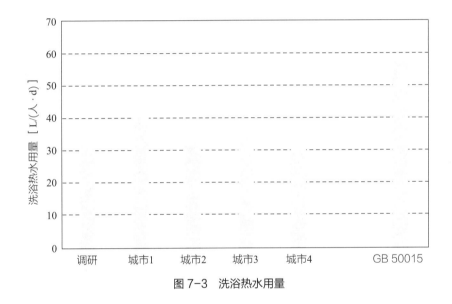

图 7-3 洗浴热水用量

在《建筑给水排水设计规范》GB 50015 中，热水温度按照 60℃计算，大多数贮水箱设计温度也在 60℃左右。

调查发现，人们使用热水时，实际水温通常在 40℃左右，如果自来水温度按照 15℃计算，生产 60L60℃热水的热量，可以生产 108L40℃的热水，可以提供 2~3 个人的一天热水用量。从设计角度看，增加了供应热量，意味着需要的集热器面积就越大，直接导致投资成本的增加。因此，在设计用户用水量时，应考虑水箱温度和用户热水温度的差异，进行合理调整。

2）集热量与实际热水需求负荷时间偏差

集热量与实际热水需求时间偏差表现在日周期和季节周期中。

从调查的数据来看，住宅中热水需求通常在夜间，而太阳能集热量主要在白天。在现有的设计方法中，对于居民用热时段与集热时段的差异考虑较少，然而，实际工程中由于这个差异造成的影响是明显的。当用户夜间或者第二天用热水时，系统中由太阳能集得的热量已经大量损失，只能靠辅助能源加热来保障用热需求。因此，就出现设计方案中太阳能保证率高达 80% 以上，实际用户用热仍然依赖末端辅助加热设备来保障，或者集中辅热系统能耗巨大。另一方面，大量的太阳能集热量需要通过储热设备蓄存起来，因而系统的保温性能十分重要。这其中主要包括系统贮热水箱、用户家中贮热水箱、热水循环管路以及太阳能集热器连接管等处的保温。在实际工程中，常常看到热水管路的各个连接处（例如，循环管道与入户水箱连接处）保温未做好，导致大量的集热量损失。

从季节性周期来看，夏季是太阳能辐照量最大，即集热量最大的季节，但夏季一般冷水温度高（尤其是地表水），洗浴温度低，即耗热量偏小，因此夏季太阳能供热有大的富余；冬季则与之相反，太阳能供热不能满足耗热量要求；春、秋两季处于中间。因此，如果按照冬季需求设计系统太阳能保证率，到夏季将有大量的热量浪费。有研究指出，按太阳能保证率 80% 设置的太阳能系统产热量大于用热量的时间约 250d（占全年 68%），全年太阳能系统产热量的 50% 无法有效利用如图 7-4 所示。换言之，按太阳能保证率 80% 设置太阳能集热系统是不合理的，太阳能集热面积增加约 30%，造成不必要的投资浪费。

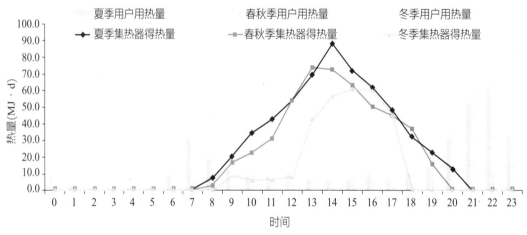

图 7-4　太阳能提供的热量与生活热水用热量关系

3）不同气候区影响的差异未能充分体现

我国南北全年气温条件差异明显，东西部阴雨天数差异明显，这意味着可利用的太阳能条件有着显著的不同。在设计标准中，对选择使用太阳能利用给出了太阳能辐照量和日照时数的要求，气候区的差异主要体现在保证率要求不同上。

从实际工程运行情况来看，在严寒和寒冷地区的冬季，常常由于室外温度较低，集热侧散热较大而达不到供热水温度，甚至冻裂集热管的问题。因此，一些项目运行方在冬季会停止使用太阳能集热；对比来看，在夏热冬暖地区，夏季阴雨天较多而冬季晴天较多，太阳能热水系统冬季供热水能力较夏季更好。此外，不同地区冬夏季运行条件和用热需求也不一样，设计时也应该有所考虑。

气候条件的差异对太阳能热水系统的运行效果有较大的影响。在设计过程中除了对设计目标提出不同要求外，可能还需要对设计参数和运行方式分气候区进行引导规定。例如，对于严寒和寒冷地区，考虑冬季辐照量小、气温低，集热侧运行效果不佳，可以选择按照夏季工况设计（包括气候条件和用热需求），而冬季则采用其他热源代替；对于夏热冬暖地区，夏季炎热，淋浴时热水需求比例较低，耗热量参数也需要不同考虑。

4）缺少供应侧运行控制策略设计

系统的运行控制可以分为集热侧控制和热水供应侧控制。在集热侧的控制，往往考虑收集更多的太阳能，保障集热器安全以及经济性；在供应侧的控制，当前更多的是从保障用户的用热需求角度考虑，尽可能地保证用户用热需求。

实际工程发现，系统的能源消耗与运行控制策略有着密切的关系。一方面，热水循环运行过程中，水泵需要消耗电能；另一方面，热水循环过程中，热量损失较大。在热水循环过程中，实际是增大了热水与环境的换热面积，相比于仅水箱处散热，大大增加了系统的散热量。例如，如果系统连续 24h 供热，意味着在整个管路以及水箱中的热水都在与环境热交换；如果减少一半运行时间，则大大减少在管路循环过程中的热量损失。

对于集中辅热系统，由于末端没有加热设备，为满足不同用户不同时段的需求，不得不全天热水循环，实际工程检测发现，这类系统每吨热水能耗往往大大高于其他系统，运营成本高，以至于物业管理方宁愿放弃集中热水系统，劝说用户自主安装其他热水系统。对于分散辅热系统，由于用户侧有辅助加热设备，热水循环可以根据系统集热量，以及用户用热需求进行设计，循环策略对于减少辅助能源加热量十分重要。然而，实际系统通常较难区分哪些是由太阳能供给，辅助热源计量又通常是和其他用能项同时计量的，用户对热水消耗多少能源没有直观的感受，系统运营人员也未能了解或掌握运行控制对能耗的影响。因而，热水供应侧运行策略常常被忽视。

5）以太阳能为保障的设计理念问题

由于天气情况复杂多变，太阳辐射量实际是不确定且非人工可控制的，用户用热水需求却是时刻可能出现。当太阳能热水系统的设计仅仅围绕如何提高太阳能保证率时，实际是将工程系统的可靠性指标寄托于不可靠的能量来源，即以"不可靠"的能量来源作为系统主要的保障，这显然是不可取的。

大量的工程案例发现，尽管太阳能保证率超过 80%，实际辅助能源加热量高低不同，有的系统辅助能源甚至超过实际用户用热需求量。一方面，由于关注太阳能保证率，更注重尽可能多地收集太阳能，使得设计时更多地倾向于集热侧；另一方面，由于缺少对辅助能源的计量，即使在运行过程中系统辅助能源消耗高，设计人员也难以根据量化的数据进行优化设计。由此，太阳能热水系统的实际节能效果没有显现出，使得市场对系统的评价和接受度降低，影响行业的持续发展。

7.2.2　运行环节

（1）现有运行管理方式

在《民用建筑太阳能热水系统应用技术规范》GB 50364 中，对系统设计、安装和验收等环节进行了明确规定，在系统设计部分对运行控制策略有相关的表述。即：

4.4.18 系统控制应符合下列要求：

　　①强制循环系统宜采用温差控制；

　　②直流式系统宜采用定温控制；

　　③直流式系统的温控器应有水满自锁功能；

　　④集热器用传感器应能承受集热器的最高空晒温度，精度为 ±2℃；贮水箱用传感器应能承受 100℃，精度为 ±2℃。

　　运行环节除了系统运行控制策略外，还涉及运行方、用户和检修方各自的权责以及相互的关系，系统运行效果评价与提高，提供热水服务要求，收费机制等方面的问题。当前没有针对太阳能热水系统运行环节的标准，运行过程主要靠运行方的经验，及其与用户之间的协调进行。由于缺乏标准规范引导，各方权责不明或运行效果不佳，当出现不能协调沟通问题时，常常使得系统正常运行受到影响。下面分别从运行过程中相关方关系、收费机制、运行服务和评价等方面，对当前住宅太阳能热水系统进行讨论。

　　1）运行环节各相关方关系

　　住宅太阳能生活热水系统通常由住宅小区物业人员（运行方）运行管理。在开始投入运行时，物业人员通常需要跟建设方对接，系统通过验收后，在用户开始入住后逐步投入使用。物业通常会采用设计的控制策略，再根据天气条件和用户实际使用情况进行启停控制。在运行环节，以用户为核心，运行方和产品提供方通过对系统的运行管理或检修提供服务，并收取相应的费用，各相关方关系如图 7-5 所示。

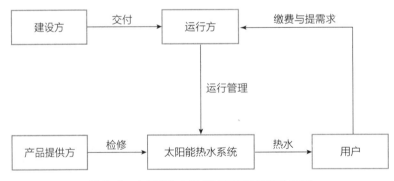

图 7-5　太阳能热水系统工程运行环节关系图

　　从前面分析的各相关方的目标和约束条件看，除建设方外，其他各相关方明确希望运行环节尽可能经济：运行方希望减少运行成本，用户希望吨热水价格降低，产品提供方希望尽可能减少维修费用。运行成本与设计方案有着密切的关系，设计方案也是决定其他两个相关方经济性的决定性因素。因此，尽管由建设方将系统交付运行方管理，在运行环节，各相关方的经济利益与设计方关系尤为密切，协调建设方和设计方与运行环节节能性和经济性关系，是使得运行环节各相关方能够获得良好经济效益的基础。

2）运行服务和对服务的评价

从提供热水服务角度看，太阳能热水系统与其他类型集中式热水系统应是相同的。在住宅楼中由于用户生活习惯不同，全天不定时有热水需求，一般集中热水系统会需要全天24h 供热水。对于末端没有辅助加热或者储热装置的系统，系统需要 24h 循环并维持供热水温度，能源消耗量大，能源费用高，运行方难以承受；对于末端有辅助加热或者储热装置的系统，在满足用热需求的情况下优化循环控制和辅助加热策略，对于减少能源消耗和降低经济成本十分重要。

对于末端没有贮热水箱的系统，为了减少供热侧热水循环过程中的能源消耗和热量损失，一些运行方会与用户协商系统循环供热水时段（末端有辅助加热的系统），这种情况在学校、工厂宿舍（集中管理人员作息的单位）热水系统运行时较为常见。对于末端有水箱和加热装置的系统，太阳能热水系统集热侧热量足够（例如集热量 Q_s 限制 Q_0 时），集热侧开始循环，利用太阳能的热量加热水，当集中贮热水箱的水温达到一定程度（例如集中水箱温度 $T >$ 限制 T_0）时，供热侧开始热水循环与末端水箱进行换热，减少末端所需的辅助加热量。不同的运行控制策略下（不同的 Q_0 和 T_0），实际利用太阳能减少辅助加热量将会有不同。

在现有的设计和评价标准中，对于太阳热水系统评价指标主要是太阳能保证率，这个指标指收集到的太阳能与用户用热量比值。依据相关标准，由建设方或者可再生能源项目管理方对系统进行检测评价。在实际运行过程中，运行方或用户并不会采用这个指标对系统进行评价。用户对系统的评价，主要从经济性、热水响应时间和水温等方面考虑。运行方主要考虑运行成本的经济性。从上面分析来看，由于循环过程中的热量损失和水泵电耗，系统实际消耗的能源多少与太阳能保证率高低没有必然的关系。当用热需求得到基本保证时，用户和运行方对系统最简单直接的评价指标还是每吨热水的成本，这个指标也直接影响着系统能否维持使用。与之相比，太阳能保证率只是一个间接的指标，实际运行过程中，这也是一个动态的数值，不能直接反映系统经济和节能效益。

3）收费机制

在运行时，由于需要水泵或集中加热有一定的能源费用，同时运行管理的人工成本和维修保养的成本以及系统折旧等问题，运行方通常会向用户收取一定的费用。从构成上看，太阳能热水系统热水费可以包括以下几部分，如表 7-5 所示。

太阳能生活热水系统运行成本　　　　　　　　　　表 7-5

	说明	价格
水费	包含自来水价和污水处理费	各地不同，2~6 元（含污水处理费），如北京 2016 年水价为 5 元 /t
能源费	水泵电费，加热用电或燃气费	各地不同，住宅用电约 0.5 元 /kWh，燃气费用 2~4 元 /m³
人工成本	用于物业人员工资	与项目所在地工资水平和工程规模有关

续表

	说明	价格
检修成本	定期检查和维修费用	与项目所在地工资水平和工程规模有关
折旧费	系统各个设备折旧成本	与项目所在地物价水平和工程规模有关
其他	如系统放水、清洗集热器等	视实际情况而定

运行时费用收取的方式有以下几种：

第一，按照用户用热水量，考虑各项成本收取。这种是绝大多数住宅太阳能生活热水系统收费方式，通过调研来看，热水价格通常在 25 元 /t 以上，一些系统热水价格甚至超过 40 元 /t。热水费用较高常常导致用户不愿意缴纳费用，而较低时运行方长期亏本，最后都将出现双方协调停止运行的情况。

第二，按照水价收取费用。这种情况发生在少数有补贴的项目，或者为了吸引购房的业主，仅按照水价收取费用。这种情况难以长期维持，仅有少数物业费较高的小区，热水费用在物业费中收取，可以解决这个矛盾。

（2）运行环节的主要问题

运行环节的问题主要包括：系统运行能耗高、热水服务满足不了使用需求、运行收费标准高等，这些问题可以分为技术性问题和运行管理问题，技术问题指由于系统性能和控制管理不佳出现的问题；运行管理问题指运行过程中，运行方、用户和产品提供方之间的利益协调的问题。两者之间存在一定的联系，例如，①由于运行控制策略问题导致系统能耗高；②导致能源费用较高，运行方不得不提高热水价格，以满足其成本需求；③当这个价格高出用户认为可接受的时候，拒绝缴纳热水费用，运行方难以承受运行费用，而停止使用热水系统。当前工程中，很多未正式投入使用或者运行一段时间后停止使用的太阳能热水系统，正是由于热水价格高而导致的。

1）系统常规能源消耗量较高

系统常规能源消耗导致太阳能热水系统辅助能源消耗量较高的主要原因包括：

首先，系统保温性能问题。集热器、水箱或管路保温性能较差，大量的热量在储热或循环过程中损失，需要大量的辅助加热来维持水温，保温性能较差与设计、施工环节有关，也有在后期运行维护过程中人为损坏，这个在运行过程中应该尤为重视。

其次，运行控制策略问题。热水在循环过程中将不断有热量损失，在储热和循环过程中，热量损失可能占到太阳能集热量的 60% 甚至以上，加上循环水泵能耗，使得一些系统每吨热水实际常规能源消耗量甚至高于分户式电加热或燃气加热系统。不同的控制策略下散热损失不同，24h 循环的热水系统的散热损失远大于同等条件下根据用户主要用热水时段设计循环策略的系统，前者循环时间长度是后者 4 倍以上。

运行控制策略通常是由设计方确定，交由运行方实际操作。实际用热时段特点和设计工况有较大差异，设计人员对运行过程实际情况考虑不足、运行人员不能对控制策略优化，都使得运行控制有较大的优化空间。

最后，用户用热需求较大，不得不增加辅助能源消耗量，在实际工程中，这种情况较少。

2）运行成本较高

运行费用较高，常常使得运行方和用户的经济效益较差而停止使用。不同热水设备或系统制备热水成本不同，以电热水器为例，加热 1t 热水到淋浴温度（40℃）（温升约 25～30℃，热水器加热效率如果为 95%，电价 0.5 元 /kWh）的能源费用约 15～18 元，考虑其他成本，加热 1t 热水的成本在 20 元左右。通过调查的数据来看，大多数太阳能热水系统吨热水价格在 20 元以上，一方面实际辅助热源能耗并未比分户式系统有明显减少，相比于户式热水器，住宅集中生活热水系统的成本中还包含了人工成本和检修成本，吨热水成本很容易就高出 20 元。如果按照设计时的太阳能保证率计算，太阳能热水系统能源费用可以仅为其他常规能源热水系统的一半，即 7～9 元 /t 热水，再加上其他成本，每吨热水价格可以在 20 元以内。在其他成本变动范围不大的情况，辅助能源消耗量较高是导致太阳能热水系统热水价格高的重要原因。

从另一个角度分析，尽管在制备热水时利用了太阳能免费的热量，实际系统制备热水量大大超过了实际用户用热量，用户并未使用多制备的热水，而导致了常规能源的浪费。因此，尽可能按照用户实际热水量需求制备热水，并使之尽可能多地被用户实际用掉，是降低热水成本的重要途径。

此外，相比于户式电热水器或者燃气热水器，住宅太阳能热水系统增加了初投资成本，需要增加相关物业管理；对于投资方和运行方而言，如果没有明显的经济效益，难以促进其增加设计和管理投入，进而又从源头影响了系统优化设计和运行。

7.3 基于实际需求的设计与运行优化方法

7.3.1 关于设计理念的讨论

现有的设计方法对于各个构件的关键参数已提出了相应的选择计算方法，其设计思路基于：①利用太阳能保障用热水需求；②选择热水量需求的上限进行选型计算，最大化满足用户要求，而不是按需配给；③减少初投资成本，而不是生命期成本。

太阳能热水系统的设计通常以满足用户用热需求为出发点，在考虑经济性和节能的要求下，尽可能减少能源消耗。太阳能热水系统并非是以利用太阳能制备热水为目的，而是通过利用太阳能减少常规能源消耗为目的。从经济性方面看，太阳能热水系统的初投资往往高于户式热水器，减少运行成本，使得用户感受到实惠，对系统的推广应用非常重要。

前面分析了，从热力学平衡角度看，太阳能热水系统包含四部分热量，即：集热系统得热量、辅助能源加热量、用户用热量和系统散热量。对于某实际太阳热水工程，在用户用热水需热量基本确定的情况下，随着集热系统得热量增加，所需要的辅助能源加热量和实际利用太阳能热量关系如图 7-6 所示。辅助能源加热量是影响系统运行经济性的重要因素，太阳能集热量与实际利用太阳能热量之间的关系是初投资效益的体现。图中的纵坐标表示热量，横坐标表示系统不同的状态点，A、B、C、D 四点分别表示：A 为该状态点下用户需热量（定值），B 为辅助能源加热量值，C 为太阳集热量值，D 为实际利用太阳能热量。各条曲线的关系可以表述为：①随着太阳能集热量的增加，实际利用太阳能热量增加，不断逼近用户用热水需热量；②辅助能源加热量也会随着实际利用太阳能热量增加而减少，由于系统循环及循环过程中的热量损失，常规能源消耗量不会等于零；③增加太阳能集热量意味着需要加大集热面积，初投资效益降低；④提高图中 D 点的高度，使其尽可能迫近 C 点，是提高系统运行经济性的关键指标。

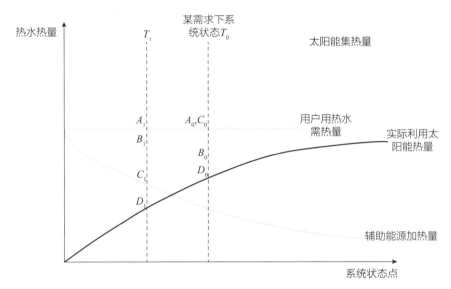

图 7-6　太阳能热水系统节能与经济效益分析图

在对系统进行优化设计与运行时，为实现节能和经济效益，一方面应该尽可能提高实际利用太阳能热量曲线斜率，使其与太阳能集热量尽可能迫近；一方面，应加快辅助能源加热量曲线下降的趋势，尽量减少系统散热。对于一个确定的系统来说，这两条曲线存在密切的联系。

热水系统的能耗与"用户需热水量"以及"为用户实际提供的单位热水的耗热量"有关。调查发现，我国当前大部分居民人均用热水量约 30 L/d，这与个人习惯与洗澡方式有关。跟发达国家相比，我国人均热水使用量较少。由于我国水资源较为缺乏，洗澡作为生活用水的主要部分，也应尽可能节约。对于"为用户实际提供的单位热水的耗热量"，现有常规能源热水系统的设计过程中，通常从以下三个环节进行考虑，以减少用户实际使用的每吨热水能源消耗。

①热源制备热水效率：提高制备过程中的加热效率，减少热源热量损失；

②管路及水箱热量损失：加强保温，减少系统散热损失；

③循环过程能源消耗：减少不必要的循环泵电耗以及循环过程中的热量损失。

在实际工程中，由于用户热量需求的差异较大（包括开始时间和持续时间），集中供应热水系统难以根据用户需求个性化定制，目前在既有住宅建筑中应用比例并不高；集中式热水系统在学校、工厂宿舍、医院或宾馆中应用较多，这是由于：在学校或工厂宿舍中热水使用可以集中规定时段，且集中用量较大，热水管路损失占比较小；在医院中，热水量需求较大而且随时都有用热水的需求；在宾馆中，为了保证服务质量减少初投资成本，通常选择集中热水系统。在住宅建筑中，集中热水系统的主要优势在可集中利用再生能源或者低品位热源，减少电或燃气消耗。这也是当前太阳能热水系统广泛推广的重要原因。

比较而言，太阳能热水系统在常规能源热水系统设计基础上，增加了太阳能作为一项热源。根据前面讨论，由于太阳辐射值"不保证"的特点，太阳能实际更适合作为一项辅助能源，将常温水温度尽可能提高，以降低常规能源加热需要提高的水温。对于集中式太阳能热水系统，优势在于可以集中利用太阳能，而劣势在于末端需求变化较大时，难以满足不同的需求；对于分户式太阳能系统，以最大化保障的思路做设计，同样导致能耗高。

因而，在太阳能热水系统设计时，一方面，应尽可能多地收集太阳能，转变为尽可能少地使用常规能源；前者意味着不再以"太阳能保证率"作为系统设计和评价的唯一依据，后者要求在设计合适的系统参数前提下更加关注系统的运行控制策略；另一方面，从关注集热侧性能，到关注用热侧需求。在有辅助热源保障的情况下，系统集中供应部分只需要保障基础热量需求，由末端加热设备保证不同需求；第三方面，引入物业管理参与，从全生命期考虑系统运营经济性，加强运用控制设计，结合需求特点进行控制。

7.3.2 经济效益对设计的要求

对于太阳能系统的经济效益评价，应从其全寿命期进行考虑。在建设阶段的成本主要用于设计和建造安装（设备采购成本算到折旧费中），在运行过程成本主要包括表 7-6 所列出的各项。

经济效益评价指标对系统设计因素的影响　　　　　　　　　　　　表 7-6

	说明	价格
水费	包含自来水价和污水处理费	各地不同，2~6 元（含污水处理费），如北京 2016 年水价为 5 元 /t。
能源费	水泵电费，加热用电或燃气费	各地不同，住宅用电约 0.5 元 /kWh，燃气费用 2~4 元 /m³
人工成本	用于物业人员工资	与项目所在地工资水平和工程规模有关
检修成本	定期检查和维修费用	与项目所在地工资水平和工程规模有关
折旧费	系统各个设备折旧成本	与项目所在地物价水平和工程规模有关
其他	如系统放水、清洗集热器等	视实际情况而定

从工程应用需求和市场推广价值来看，设计时除考虑尽可能减少常规能源消耗外，还需要尽可能提高投入产出的经济效益，结合前面的评价指标系，可以得到以下几个方面认识：

第一，合理选择集热器面积。应充分考虑太阳能的有效利用情况，而不是仅仅是集热量越多越好。从常规能源替代率和太阳能有效利用率比较看，两项指标在相关设计参数方面有公共影响的指标，但不完全是同样的要求，这需要设计者对两者进行权衡判断。以太阳能集热面积设计参数为例，当集热面积越大，收集的太阳能越多，有助于提高常规能源替代率；当集热量过大，超出用户实际用热需求量时，太阳能有效利用率将降低，这时集热器的投资成本增加，经济效益将降低。

第二，重视减少系统散热量。系统散热损失是影响太阳能热水系统性能的重要参数，一方面需要提高水箱和管路等各处的保温性能减少散热损失，而管道保温的成本也需结合热损比指标进行考量。另一方面，系统散热主要发生在水箱和循环管路，减少非必需的热水循环，也是减少散热损失的重要途径。

第三，在系统的末端用户是"取热不取水"还是"直接取热水"，也是影响系统节能和经济效益的重要因素。前者系统末端需要安装相应的换热设备增加成本，集热侧集得的热量可以及时的转移到末端，减小集中水箱的容量及相应成本；后者末端虽无需安装换热设备，但集中水箱容积相对较大。

太阳能热水系统的吨热水成本包括初投资成本和运营成本。初投资成本受集热器面积、水箱容积、管路长度及保温性能等因素影响，其中集热器成本在系统中占重要比例；运营成本主要有能源费用以及运行维护人员成本构成，良好的控制策略是减少运营成本的保障。

评价指标体系为太阳能热水系统设计提供了相对明确的目标，相比于已有的设计方法，更加强调系统整体性能的考虑。当设计者关注方案在这几个指标上的表现时，有助于提高系统节能效益，提升市场对系统的认可程度。

7.3.3 系统构件与运行的优化

（1）太阳能热水系统的优化方向

集中式太阳能热水系统主要热量损失发生在热水循环过程中，有没有可能以及如何减少散热损失呢？从散热过程看，减少散热量最直接的方式是减少循环时间：当系统循环时间减少一半时，循环散热损失就只有原来的一半了。这也是在学校、工厂职工宿舍、部队营房等限定热水供应时间的地方，太阳能热水系统有较好的节能效果的主要原因。对于居住建筑集中太阳能热水系统，能否减少循环时间呢？

针对住宅太阳能热水系统，为减少太阳能热水系统的热量损失，可以从系统形式和运行控制两个方面进行考量。运行控制条件，包括集热侧策略和供热侧策略，满足用户用热水需求的同时尽可能避免不必要的管路散热损失；系统形式主要包括集热器、贮热水箱和辅热装置等硬件的组合方式、相对位置等。这两者都应该与用户用热需求特点相结合进行考虑。

从需求特点来看，在全天不同时段，居民对热水需求存在较大差异。根据前面提到的调查发现，近 88% 的居民洗澡时段主要集中在晚上的 19：00～24：00。调查还发现，每人实际持续洗澡时间约在 10min 左右，因而，单个用户实际用热持续时间很短。另外一项调查，对某栋住宅楼中 48 户居民各时段热水用量进行了实测跟踪（包括洗澡用热水以及洗漱、做饭、洗碗等日常用热水），发现早上 6：00～9：00、中午 11：00～13：00、晚上 17：00～22：00 是热水使用高峰，分别占到热水用量的 20%、18% 和 47%。

运行控制：用户日用水需求特点可以归纳为早、中、晚三个时段集中使用，单户使用持续时间短，系统整体需求量峰值远低于设计用量。因而，运行控制的优化路径在，满足用户用热时能够快速供应，并能够根据用热水量判断循环时长，例如，在热水被连续使用的过程中也不需要热水循环，仅是在末端需要使用热水之前的几分钟启动循环泵，使管道内的冷水返回贮热水箱就可以了。这样热水循环泵运行的时间可以大大减少，循环管道的热损失也就可以大幅度降低。

系统形式与辅热：加大集热器面积也可以减少常规能源消耗量，但这需要增大投资，增大安装空间；同时，怎样进行辅助加热与怎样充分用好太阳能集热器有很大关系。如果在早上太阳辐射出现前，系统水箱温度已经达到设定温度（辅助热源提供），热水进入集热器，集热效率就会很低。水箱温度越高集热效率也就会越低，相比于真空管，平板集热器集热效率受水温影响更大。当贮热水箱中水温越高，在管网中热水与环境温差越大，系统散热量也会越大。系统形式应与运行控制的要求结合起来，避免强调理论"保证率"而简单地把集热量大作为系统设计的目标。

总结而言，集中太阳能热水系统需要特别重视系统散热量和辅助加热策略，优化系统形式和运行控制策略，达到减少常规能源消耗量实际效果。

（2）关于系统优化的具体建议

从评价指标对系统设计要求来看，既包括对系统构件的要求，也强调运行控制策略的重要性。对于太阳能热水系统，通过利用太阳能减少常规能源消耗，减少人均热水能耗，是系统设计的核心要点。太阳能系统主要构件包括集热器、贮热水箱、辅助加热设备和循环管路等；系统的运行控制包括集热侧和供热侧的循环控制，以及辅助加热装置的控制。不同类型的系统，能够选择的控制策略往往有相应的范围。例如，对于集中集热集中辅热系统，如果全天 24h 连续运行，辅助加热一般会在温度低于某设定值时开启。因此，在设计时应同时考虑控制策略和系统形式。下面对提供的主要参数和运行控制策略设置原则进行讨论。

从现有的设计方法看，太阳能集热面积通常以保障冬季热水需求为依据，在日均用水量取值偏大的情况下，集热面积常常大于实际系统用户需求。太阳辐照充足的情况下，集热侧因水温过高而"弃热"的现象屡见不鲜。从实际可利用以及经济性方面考虑，应按照实际用户用热水量需求设计太阳能集热面积，即按照人均 30L 的 40℃热水用热需求，设计太阳能集热器面积。

加强热水贮热水箱和管路的保温，是减少系统热损失的重要途径。现有的热水系统较为重视水箱保温，水管入户的连接处和管路拐弯处通常是保温较差的地方，对于有数十家用户的系统而言，这些位置所造成的热量损失也是十分可观的。

对于用户家庭中贮热水箱而言，以三口之家为例，日用热水量约 100L 的 40℃的热水，而一些系统末端贮热水箱的容积超过 120L，水箱温度设定通常为 60℃，这样实际贮存的热水量大大超过了用户用热需求。户内贮热水箱容积应按照实际用户热水量需求进行选择，避免选型过大，以致需要更多的辅助加热。

实际工程检测发现，热水在管网中循环过程的热损失大，运行控制策略的设计，需要着眼于解决这样一个矛盾：为尽可能多地通过太阳能制备的热水满足用户用热水需求，需要增加循环时间；为减少系统散热损失，应尽可能多地减少循环时间。

通过调查发现，居民沐浴用热水需求主要集中在夜间和早晨，白天热水量需求较少。为保障夜间用热水需求，对于末端有贮热水箱的系统，在末端贮热水箱热水足够的情况下，即可停止循环；对于末端无贮热水箱的系统，在夜间主要用热水时段开启循环，或者采取响应式供热方式。大多数集热系统水箱水温难以维持到第二日早晨，对于早晨有用热需求的系统，则尽可能通过辅助加热装置来满足热水需求。

此外，对于用热需求时段分布较为均匀的系统，现有一些工程采用分层循环的策略，即系统中以若干楼层为一个单位，分别分时段循环换热，这样可减少前段用户热量较早的换热完成后，到末端用户热水流经管路较长，管路热量损失较大的问题。

7.4 新型太阳能热水系统设计与运行

基于前面的评价与设计方法讨论研究，通过对一些实际太阳能热水系统进行调查分析，这里介绍几种新型系统，为设计者提供参考：

（1）一种住宅集中式太阳能热水系统

针对减少系统常规能源消耗的目的，提出一种新型太阳能热水系统[1]设计方法，这种系统热量损失接近零，而且无须维护，太阳能贡献率高。

太阳能集热系统，由太阳能集热器、贮热水箱、温度传感器、相应的阀门控件、集热侧循环水泵以及管道组成。末端用户热水供应系统，由贮热水箱、即热式电（燃气）加热装置、用户末端、相应的阀门控件以及管道组成，末端用户热水供应系统主要依据为供热输配管网中的重力循环原理，取消了用户侧循环水泵和回水管，产生的直接结果是管道散热损失量基本为零，也节省了用户侧循环水泵的耗电量。设计方法中按照满足用户侧夏季需求为依据，选取的太阳能集热器的面积仅需为现有设计方法时的一半，同时，太阳能集热器面积的减小也相应地提高了工程可靠性。系统的示意图如图 7-7 所示。

① 一种住宅集中式太阳能热水系统，专利号 CN15B0029B。

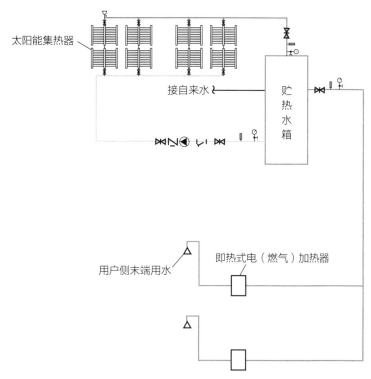

图 7-7　一种住宅集中式太阳能热水系统示意图

　　分析来看，此类系统的主要优点包括：①太阳能集热器面积相比传统系统装置缩小一半，系统投资回收期大大缩短；②太阳能集热器面积小，同时取消了用户侧循环水泵和回水管，提升了工程可靠性，发明的设计方法中，工程可靠性特别好；③设计方法中，全年保持热水供应，可以满足用户 24h 随时用热水需求；④设计方法中，取消了用户侧循环水泵和回水管道，太阳能集热器面积缩小了一半。对于业主来说，此专利的设计方法相比现有设计方法更为省钱，也可以避免热水时冷时热等不良现象；对于承包商来说，发明的设计方法的初投资相对较少；对于物业管理公司来说，此专利的设计方法减少了能源浪费、经济性好，也可以避免很多系统维修、管理等麻烦。

　　（2）呼叫式恒温恒压的太阳能热水系统

　　北京某太阳能热水工程公司在北京望泉寺公租房应用了一种呼叫式恒温恒压太阳能热水系统，这种系统从设计用水量、运行控制方面和集热侧等方面对系统进行了优化，在减少集中式太阳能热水系统循环时间方面有着显著效果。系统原理图如图 7-8 所示。

　　在热水需求设计方面，对参数进行了几点优化：①户均人口取 2.8 人；②日平均用水定额 40 L；③贮水箱内水的终止设计温度取 42℃。该系统与其他集中太阳能热水系统相比，最突出的特点在每个用户卫生间门外设置一个有灯光显示的呼叫按钮。用户用水几分钟以前按一下按钮，按钮灯开始闪动，表明循环泵已启动，当管路中的冷水全部置换为热水后，按钮灯改为长亮，此时就可以打开龙头使用热水了。采用立管入户的管路布置，在按钮灯长亮后，用户家中管道蓄积的冷水放水时间约 3～7s。当所有龙头关闭后循环泵延时 5min 自动关闭，大量减少了热水循环过程中的热量损失。总结而言，可以概括为以下三点：

第一，在控制方面，供水管路采用立管入户，供水采用呼叫器＋压力＋温控＋时控联合控制，可最大限度地节省系统供水能耗；用户热水用量的计量采用 IC 卡热水表，先交费后使用，可杜绝用户拒交水费的纠纷；系统选用"一拖五"控制系统，能够自动地全天候地向各类用户提供设定水温的热水供给，无任何其他操作过程，适用于任何文化水平人员操作管理。

第二，在供热侧，集热系统采用一次循环，防冻采用排空技术，降低了系统能耗和安全隐患；水箱采用专利技术设计[①]，可

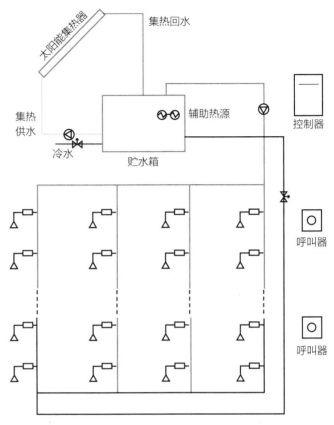

图 7-8　呼叫式恒温恒压的太阳能热水系统原理图

实现恒温储热和供水；辅助能源采用燃气壁挂炉，独特的控制方式，可最低限度地使用辅助能源。

第三，贮热水箱采用变容恒温的形式。在同样的集热器及外界辐照和温度条件下，集热侧管路中水温越高集热效率将随之降低。针对这个问题，此系统采取了变容恒温的设计，即水箱中水温维持一个相对合适的温度，通过不断补充水分来收集更多的太阳能热量，在此过程中水箱水温不变而水量逐渐增加，直到水箱装满，如果还有更多的热量再进行水箱定容升温的模式，这样能够尽可能在较高的集热效率下收集太阳能。

对于此系统的控制策略，还可以进一步优化：由于用户实际每次用热水量较少，当出热水后就可以关闭循环水泵了，这样可避免回水管内有热水散热，即可以不必延迟 5min 后停循环泵；或者将循环水泵安装在回水侧，只要测出水泵的温度高了，就可以关闭水泵，此时循环管内没有水流动，不影响用户用水。

---

① 《一种用于太阳能热水系统贮热水箱》，专利号 ZL201420619397.8。

第 8 章

展望与建议

本研究以城镇住宅太阳能热水系统为对象，由近年来产业发展现状及问题出发，通过热水使用情况调查和一批实际工程案例的测试分析，指出在实际工程应用中太阳能热水系统的热量损失严重问题广泛存在，现有评价标准不科学和检测方案欠严谨是造成太阳能热水系统工程认可度不断降低的主要技术原因。相比于其他类型的生活热水系统，在舒适性、稳定性和便捷性等方面，太阳能热水系统并没有显著的优势；一旦节能性和经济性效果不明显，实际工程项目将很难得到业主或管理者的认可。由于评价指标不够客观准确，对工程中居民热水实际需求欠分析，要提高太阳能热水系统的节能和经济性，针对当前太阳能热水系统的设计标准、验收把关和运行管理等环节还需要开展大量工作加以完善。针对城镇住宅太阳能热水系统的发展，本书对以下三个问题进行讨论：

第一，住宅太阳能热水系统的应用前景如何？

生活热水的低碳节能是建筑低碳节能发展的重要构成部分，发展太阳能热水对建筑低碳发展十分重要。从城镇住宅能耗构成来看，我国生活热水能耗占城镇住宅能耗的 10% 以上，一些发达国家生活热水能耗已占到居住建筑能耗的 30% 以上，户均热水能耗是我国户均的近 10 倍。生活热水的使用情况反映着居民的物质生活水平，这意味着随着人们经济和生活水平的提高，家庭生活热水需求量将还有比较明显的增长趋势，主要由于热水频率和单次用量增加。另一方面，随着城镇化发展越来越多的农村人口进入城市，由于城镇建筑形式的约束，太阳能热水系统在城镇住宅中仍有较大的发展空间，真正有好的经济性和节能性的太阳能热水系统，也会受到市场的认可和欢迎。

从太阳能利用技术看，太阳能热水系统是与建筑相结合的可再生能源利用形式中能源利用效率最高、与建筑实际需求紧密的一种技术形式。一方面，相比于光伏技术，光热转化能量利用效率高，前者在 10% 左右，而后者可以达到 50% 甚至更高；系统将热量以热水的形式供应到建筑中，直接满足生活热水的需求，避免了能量多次转化，且又与建筑用能需求密切相结合，具有良好的匹配性。另一方面，对于以多层或高层为主的城镇住宅建筑，太阳能热水集热需要占用的面积较小，设计和运行控制合理的情况下，能够满足居民大部分用热水的热量需求。

总结来看，通过发展太阳能热利用技术满足人们生活热水需求，是减少常规能源消耗，降低建筑碳排放的重要途径。从技术发展的潜力和工程应用效果来看，太阳能热水系统也的确是一项值得大力推广的可再生能源利用技术。

第二，未来发展需要重视的技术点有哪些？

实际太阳能热水系统工程中，系统散热损失大是影响节能效果和经济性最主要的问题，造成这个问题的主要原因在未真正把握热水的需求特点，不能实现良好的供需匹配，系统供需匹配也是控制经济性的保障；在运行过程中，系统控制管理则直接影响着系统的实际节能效果；从总体来看，设计、检测和运行管理的各个技术环节，需要评价方法和指标来进行约束和指导。根据前面的分析，从技术上看应重视以下几个方面的问题：

（1）需要重视系统服务的居民用热水需求的特点，从需求特点出发，在设计阶段确定供应方案以及应对散热问题技术措施，实现热水系统软硬件的供需匹配。根据调研数据，目前人均生活热水的用量小于标准中的设计值；住宅建筑投入使用初期入住率并不高，一开始按照全楼的用户容量进行设计可能长期处于过量设计状态；热水主要满足淋浴，用热水时间长度通常在 10min 左右；由于热水使用在一天中主要分布在晚上，不同气候区居民在冬夏季热水需求量不同，甚至工作日和周末的使用需求也有变化。这些特点使得如果 24 小时连续循环供热，系统将有较大的散热损失。最理想的情况是，用户用多少热都是由太阳能集热所保障的。这就需要提高对热水需求量和需求特点的理解，针对性地进行控制策略设计。

（2）重视太阳能热水系统的运营管理，引进大数据和物联网技术提升管理效率，实现供需匹配的精细化管理。在设计阶段不可能一劳永逸地解决运行过程中的供需匹配，这是由于居民需求量及需求特点受建筑入住率变化，热水使用的时段、频率和用量增长变化，甚至天气条件变化等因素的影响，在工程中还存在不定期维修或维护保养等系统正常运行的管理需求。当前数据信息采集技术已经发展得相当成熟，能源管理物联网技术已广泛应用到各类机电系统中，要实现能源利用的供需匹配及最优化，未来太阳能热水系统乃至其他各类可再生能源利用技术需要与信息化技术相结合，通过在线监测的数据和智能化控制，实现最佳的供需匹配效果。

（3）重视评价方法的科学合理性，并将其引入到太阳能热水系统的全寿命期。前面讨论现有评价标准中大多以"太阳能保证率"作为评价指标不能科学评价系统真正的节能减碳效果，采用太阳能热水系统最根本的目的在减少每吨热水常规能源消耗量，用户使用每吨热水的常规能源消耗量即可作为评价其节能性的指标；从热量平衡关系确定系统性评价指标，是指导系统硬件设计和控制策略的依据。在此基础上，还应注意到太阳能热水系统的节能低碳效果发生在运行过程而非设计到建成阶段，因此，对于太阳能热水甚至各类可再生能源利用技术的评价，应从其全寿命期进行跟踪和总体评估，这样才能真正反映工程的实际节能低碳效果。将评价方法与管理措施结合，以实际运行的数据作为对象进行定期的评价与反馈，是保证太阳能热水系统实现真正节能低碳效果的必要举措。

第三，需要什么样的政策支持呢？

当前，太阳能热水系统的利用是十分依赖政策支持的，不管是强制安装还是进行补贴，只有在解决技术问题的基础上，才能真正发挥节能低碳作用。反过来看，相关政策对太阳能热水利用技术及相关产业也产生着深远的影响。为此，对太阳能热水发展提出以下三方面的建议：

（1）完善太阳能热水系统评价标准，补充修改评价指标

前面分析讨论，当前评价标准采用"太阳能保证率"作为依据，不能客观反映系统实际性能。示范工程推广过程中，由于对系统的评价监管不够客观，使得项目实际效果得不到市场认可，各项补贴政策也没有取得预想的促进节能减排效果。因此，以实际效果为评价依据，尽快修订太阳能热水系统评价标准并实施，对于提升太阳能热水技术的市场认可十分重要，也是推动该行业发展的必要举措。

建议按照每吨热水实际消耗的常规能源量对系统运行效果进行评价，对于没有产生节能效果的太阳能热水系统应该促使其整改，使得常规能源消耗量能够低于相同温升情况下吨热水加热理论需热量，保证达到真正的节能效果；采用常规能源有效替代率、太阳能有效利用率和系统热损比指标，指导新系统的设计以及既有系统的问题判断和改造设计，使得在达到节能效果的同时，也达到了经济可行的要求。通过标准或规范引导，从设计、施工到运行过程，提升太阳能热水系统性能，提高市场对系统的认可。

（2）取消针对"技术"的补贴或强制政策，明确以结果为导向的政策

从宏观政策制定的目标来看，鼓励太阳能热水技术是为了减少常规能源消耗，同时满足人们的用能需求。太阳能热水技术是众多可再生能源利用技术的一种，对于不同气候区、不同项目条件和不同用户而言，集中式太阳能热水系统适宜性有差异。通过对现有的工程研究发现，像学校、工厂职工宿舍等，有集中时段大量热水需求的用户而言，集中式太阳能热水系统，不需要长时间循环，系统散热量较少，有着明显的节能效果。然而，对于高层居民住宅楼，由于各居民实际用热时段的差异，在原有的设计思路指导下，系统全天24h热水循环，大量的热量损失在循环管路中，或者系统中的辅助加热策略不当，有太阳热的时候，系统贮热水箱中水温较高，难以存储从太阳获得的热量等，使得实际运行能耗较高。因此，对于太阳能热水系统工程，往往需要细致的设计和运行管理，才能达到可见的节能效果，才能够取得真正的节能效果。

以技术为补贴或者强制对象，政策监管需要承担相当多的对技术适宜性判断的责任，才能使得项目真正达到节能减排的效果。一方面，市场的逐利性，对技术或产品提出不断进步的要求，此时，政策难以随时跟随技术或产品进步的速度更新，因而，也就不能更为有效地鼓励技术进步；另一方面，由于评价指标不客观以及具体项目的监管难度，市场在政府补贴利益驱动下，很容易就会变成低价中标，出现"劣币驱逐良币"的现象，不利于技术进步。

设计以结果为导向的政策机制，将可以通过实际数据验证运行效果，使得政策补贴实现真正的节能减排目标；同时，避免市场参与者的短视行为，避免其以短期快速获得补贴为目标的发展模式，鼓励技术不断进步，市场参与者将不断创新技术，以获得更好的市场效益。对太阳能热水系统应以实际每吨热水常规能源消耗量为考核依据，建立对实际效果进行评价的引导政策。

（3）完善太阳能热水系统应用机制，理顺各利益相关方关系并进行激励

从已实施的项目来看，住宅集中太阳能热水系统投资建设方和受益方分离，是现有强制政策未能激发市场自发性的重要原因。因而，在以结果为导向的政策激励下，应积极设计相关市场机制，使得建设投资能够得到相应的收益。

具体来看，由于安装住宅集中太阳能热水系统需要协调多个用户，占用公共屋顶资源，较难由各个用户自发地组织安装。现有系统的投资方通常只负责建设，难以获得实际运营过程中可能的节能效益。如果采用投资＋运营的模式，将屋顶出租给太阳能热水系统运营企业，由其安装并运营太阳能热水系统，从出售热水的利润中得到回报，这样会鼓励企业越发

重视系统的实际节能效果，通过节能实现经济效益。为鼓励这种模式推广，一方面，国家可以减免其税收，帮助其从银行获得贷款以及在贴息等方面进行激励；另一方面，也可以强制要求屋顶出租给太阳能热水系统运营企业，提出相应的收费机制，促进运营方不断降低常规能源消耗以获得更大利润。当然，还可以有更多形式的市场经营模式，其基本原则是，让获益者参与投资，让投资者能够从中获益。这样，才能够从政策强制逐步转变为市场主动的发展模式。

从技术发展程度来看，太阳能热水技术是一种较好地将建筑用能需求与可再生能源利用结合起来的技术。在当前具有良好的技术基础和市场需求的情况下，探索并完善相应的标准规范、政策和市场机制，是其推广应用的迫切需求。

随着建筑工业化的快速发展，与建筑相结合的可再生能源利用技术也将进一步朝着模块化、部品化、标准化和智能化的方向发展。未来太阳能热水系统将与建筑在硬件和软件方面高度融合，①硬件方面表现为：与建筑构件生产相结合、成为建筑的一部分，模块化生产，并且结合建筑工业化中的标准化要求，从设计、生产到建设安装，有统一的标准管理；②软件方面表现为：系统智能化和信息化水平提高、物联网和大数据技术的发展，与建筑物中自动控制系统、人员入住率及其使用习惯结合起来，大幅提升运行控制水平，减少在循环过程中的热量损失，减少常规能源消耗量。

可预见的是，本书所述太阳能热水系统的设计与运行优化仅是初步探索，在国家大力推动能源转型，供给侧能源革命的情况下，太阳能生活热水系统无疑是其中一项非常重要、兼具技术成熟、需求特点明确的能源供给技术。它既涉及如何充分收集可再生能源，又涉及如何充分利用收集的能源，将供给两侧的能力和需求进行良好的匹配，将为大规模发展可再生能源技术、分布式能源系统技术提供良好的支撑。

符号索引表

a_0——表面放热系数，$W/（m^2 \cdot ℃）$；

A_c——集热器总面积，m^2；

A_{IN}——间接系统集热器总面积，m^2；

A_{hx}——换热器面积，m^2

A_p——循环管路散热面积，m^2；

A_t——贮热水箱的面积，m^2；

c——水的比热容，取 $4.2kJ/（kg \cdot ℃）$；

D_i——管道保温层内径，m；

D_o——管道保温层外径，m；

$F_R U_L$——集热器总热损系数，$W/（m^2 \cdot ℃）$；

f——太阳能保证率，%；

H——太阳能集热器采光面上的太阳能辐照量，MJ/m^2；

h——对流换热系数，$W/（m^2 \cdot ℃）$；

J_T——当地集热器采光面上的年平均日太阳能辐照量，kJ/m^2；

K——循环管路散热系数，$J/（m^2 \cdot ℃）$；

l——循环管路总长度，m；

m_i——i 记录时刻的热水质量流量，kg/s；

m_l——立管水质量流量，kg/s；

n——每周洗澡次数，次 / 周；

P——辅助加热设备功率，W；

q——燃气热值，kJ/m^3；

Q_{bm}——系统常规能源替代量，吨标准煤；

Q_f——辅助能源加热量，$kJ（W）$；

Q_g——消耗燃气的热量，kJ；

Q_h——设计小时耗热量，W；

Q_{hl}——立管热损失，kJ；

Q_{ht}——末端用户换热量，W；

q_l——单位管段的散热量，W/m；

Q_p——系统散热量，$kJ（W）$；

$q_{p,p}$——管路单位表面积的热损失，W/m^2；

$Q_{p,p}$——管路热损失，W；

$Q_{p,s}$——集热器的热损失，W；

$q_{p,t}$——贮热水箱单位表面积的热损失，W/m^2；

$Q_{p,t}$——贮热水箱的热损失，W；

Q_r——每吨热水实际消耗的常规能源量，kJ；

$Q_{s,h}$——贮热水箱中水体积 Vs 内所含的系统得热量，MJ；

Q_{sh}——太阳能集热系统小时得热量，kJ/h；

Q_s——集热系统得热量，$kJ（W）$；

Q_T——系统需要的总能量，MJ；

Q_{ts}——贮热水箱供热量，W；

Q_u——用户用热量，$kJ（W）$；

Q_w——日均用水量，L；

r——管道半径，m；

T_3——贮热水箱供水出口水温，$℃$；

T_4——贮热水箱回水出口水温，$℃$；

T_{av}——降温期间平均环境温度，$℃$；

T_a——周围环境的空气温度，$℃$。

T_b——开始时贮热水箱内水温，$℃$；

t_c——时间步长，s；

T_d——贮热水箱排出水温（排水法），$℃$；

T_{end}——水箱内水的设计温度，$℃$；

T_e——结束时贮热水箱内水温，$℃$；

T_f——管井空气温度，$℃$；

T_{in}——贮热水箱进口水温，$℃$；

T_i——水的初始温度，$℃$；

T_j——贮热水箱进口水温（排水法），$℃$；

T_{out}——贮热水箱出口水温，$℃$；

T_t——贮热水箱水温，$℃$；

T_w——设备及管道外壁温度，$℃$

t_f——辅助加热设备开启时间，h；

t_r——单次洗浴用时，min/次；

U_{hx}——换热器传热系数，W/（$m^2 \cdot ℃$）；

U_{sl}——贮热水箱热损系数，W/（$m^2 \cdot ℃$）；

V_g——消耗燃气的体积，m^3；

V_2——立管水流量，m^2/s；

V_r——日均洗浴用水量，L/d；

V_s——流经集热板的水流量，m^3/s；

V_t——贮热水箱容水量，m^3；

v——淋浴器额定流量，L/min；

V——每人每天使用生活热水量，L；

α——集热器倾角值；

ΔT——用户使用生活热水水温与冷水温度之差，℃；

ΔT_s——集热板进出口温差，℃；

Δt——降温时间，s；

η——水加热设备热效率，%；

η_c——集热系统集热效率，%；

η_{cd}——集热器标定集热效率；

η_g——燃气燃烧效率，%；

η_t——常规能源有效替代率，%；

η_l——太阳能有效利用率，%；

η_r——洗澡时淋浴器开启时间比例，%；

λ——管壁导热系数，W/（$m \cdot ℃$）；

μ——系统热损比，%；

ρ——水的密度，取 $1000kg/m^3$；

ϕ——集热板总辐射，W/m^2；

ϕ'——散射辐射，W/m^2；

ϕ''——直射辐射，W/m^2。

参考文献

［1］ 中国城市能耗状况与节能政策研究课题组. 城市消费领域的用能特点与节能途径. 北京：中国建筑工业出版社.

［2］ 郑瑞澄. 中国太阳能热利用技术的现状与发展. 中国可再生能源学会第八次全国代表大会暨中国可再生能源发展战略论坛论文集［M］, 2008.

［3］ 徐伟, 郑瑞澄, 路宾主编. 中国太阳能建筑应用发展研究报告. 北京：中国建筑工业出版社. 2009.

［4］ 刘阿祺. 住宅太阳能热水系统应用问题分析与评价方法研究. 清华大学硕士论文［D］. 2011.5.

［5］ 胡姗. 中国城镇住宅建筑能耗及与发达国家的对比研究［D］. 清华大学, 2013.

［6］ 施睿华, 李振海, 吉野博. 2002～2004年上海地区住宅能源消费调查与研究［J］. 制冷空调与电力机械, 2007, 28（2）：51-54.

［7］ 李振海, 孙娟, 吉野博. 上海市住宅能源结构实测与分析［J］. 同济大学学报（自然科学版）, 2009, 37（3）：384-389.

［8］ 姜中天, 吉野博. 中国七城市住宅能耗现状调查及分析［J］. 中国人口·资源与环境, 2010, 20：456-460.

［9］ 张云. 离网地区小型太阳能分布式供能系统的设计及优化［D］. 太原理工大学, 2015.

［10］ 清华大学建筑节能研究中心. 中国建筑节能年度发展研究报告［M］. 北京：中国建筑工业出版社, 2015.

［11］ 中国建筑节能协会. 中国建筑节能现状与发展报告（2013-2014）［M］. 北京：中国建筑工业出版社, 2015.

［12］ 李柯, 何凡能. 中国陆地太阳能资源开发潜力区域分析［J］. 地理科学进展, 2010, 29（9）：1049-1054.

［13］ 国家住宅与居住环境工程研究中心. 住宅建筑太阳能热水系统整合设计. 北京：中国建筑工业出版社, 2006.

［14］ Jordan U, Vajen K, Physik F, et al. Realistic domestic hot-water profiles in different time scales［J］. Report for Iea, 2001.

［15］ Spur R, Fiala D, Nevrala D, et al. Influence of the domestic hot-water daily draw-off profile on the performance of a hot-water store［J］. Applied Energy, 2006, 83（7）：749-773.

［16］ Xiong W, Wang Y, Mathiesen B V, et al. Heat roadmap China: New heat strategy to reduce energy consumption towards 2030［J］. Energy, 2015, 81：274-285.

［17］ Mariacristina M P. Architectural Integration and Design of Solar Thermal System［J］. 2011.

［18］ PINELP, CRUICKSHANKCA, BEAUSOLEIL-MORRISONI, et, al. 2011. A review of available methods for seasonal storage of solar thermal energy in residential application［J］. Renewable&Sustainable Energy Review. 15（7）：3341-3359.

［19］ Yao C, Hao B, Liu S, et al. Analysis for Common Problems in Solar Domestic Hot Water System Field-testing in China［J］. Energy Procedia, 2015, 70: 402-408.

［20］ 史洁, 瞿燕. 上海高层住宅能耗现状与节能潜力. 建筑科学, 2010, 26（2）: 52-58.

［21］ 张磊, 陈超, 梁万军. 居民平均日热水用量研究与分析［J］. 给水排水, 2006, 32（9）: 66-69.

［22］ 邓光蔚, 燕达, 安晶晶等. 住宅集中生活热水系统现状调研及能耗模型研究［J］. 建筑给排水, 2014, 40（7）: 149-156.

［23］ 张西漾. 建筑生活给水系统节水节能的研究［D］. 重庆大学, 2010.

［24］ 王永峰, 马芳, 刘晓丹. 节能住宅的热水供应. 建筑节能, 2008, 36（205）.

［25］ 万水. 住宅建筑太阳能热水系统设计参数取值的探讨［J］. 中国给水排水, 2011, 27（18）: 51-54.

［26］ 陈少林, 熊家晴. 我国南方地区农村住宅太阳能热水系统的研究［J］. 建筑给排水, 2011, 37（7）: 149-153.

［27］ 杜晓辉. 高层住宅太阳能热水系统一体化设计研究［D］. 天津大学, 2009.

［28］ 王荣. 中国家用热水设备典型用水模式研究［D］. 北京建筑大学, 2010.

［29］ Chen X, Hao B, Liu S, et al. Study on Demand-side Design Parameters of Solar Domestic Hot Water System in Residential Buildings［J］. Energy Procedia, 2015, 70: 340-346.

［30］ 赵世明, 高峰. 生活热水太阳能集热器面积的确定［J］. 中国给水排水, 2009, 25（20）: 28-33.

［31］ 王耀堂, 刘振印, 王睿等. 集贮热式无动力循环太阳能热水系统——突破传统集热理念的全新系统［J］. 给水排水, 2014, 40（8）: 63-73.

［32］ 周芳, 胡明辅, 周国平. 铅垂面上太阳辐射计算方法探讨［J］. 建筑节能, 2007, 35（5）: 55-59.

［33］ 陈希琳, 郝斌, 彭琛, 刘珊, 王珊珊. 住宅太阳能生活热水系统检测与调查研究. 建筑科学, 2015（10）.

［34］ 陈希琳. 住宅集中式太阳能生活热水系统优化与性能研究［D］. 北京建筑大学, 2016.

［35］ 胡韫频, 万晶, 汤金才, 王迪. 武汉地区太阳能热水工程经济性评价［J］. 太阳能学报, 2012, 33（6）, 916-920.

［36］ 万晶. 建筑太阳能热水技术的经济评价研究——以武汉地区为例［D］. 武汉理工大学硕士论文. 2012.

［37］ 屈利娟, 王靖华, 王小红, 邓倩. 现行热水用水量标准的适用性分析及建议［J］. 中国给水排水, 2010, 18: 92-95.

［38］ 胡桂秋, 孙淑娟. 住宅太阳能热水系统评价［J］. 节能, 2010, 331（2）, 64-66.

［39］ 杨春华. 太阳能热水系统在某酒店的应用研究与评价［D］. 哈尔滨工业大学硕士论文. 2010.

［40］ 薛一冰, 张亚楠. 大学校园中应用太阳能热水技术的节能减排分析与评价——以山东建筑大学为例［J］. 建筑节能, 2011, 39（11）. 27-30.

［41］ 刘建华, 刘小芳, 李旭东, 马旭升. 天津市太阳能热水系统设计中保证率取值的分析［J］.

中国给水排水. 2013, 29（6）, 33–38.

［42］王靖华, 易家松, 汪波. 住宅建筑中太阳能热水系统形式的探讨［EB/OL］.［2009–08–24］. http://www.chinajsb.cn/gb/content/20009–08/24/content_285577.htm.

［43］陈俊. 太阳能热水系统建筑一体化应用关键技术与评价体系［D］. 安徽建筑大学硕士论文. 2013.

［44］Dorgan C B, Dorgan C E. ASHRAE's new Chiller Heat Recovery Application Guide[J]. 2000.

［45］Service Water Heating. ASHRAE HANDBOOK. 1991.

［46］Naspolini H F, Rüther R. The effect of measurement time resolution on the peak time power demand reduction potential of domestic solar hot water systems[J]. Renewable Energy, 2016, 88: 325–332.

［47］García–Valladares O, Pilatowsky I, Ruíz V. Outdoor test method to determine the thermal behavior of solar domestic water heating systems[J]. Solar Energy, 2008, 82(7): 613–622.

［48］Jiayu Guo, B Hao, C Peng, S S Wang. Thermal Performance Test for Centralized Domestic Solar Water Heating System[J]. Technical Journal of facility engineering, 2016, 39(7): 251–260.

［49］Liu Shan, Hao Bin, Chen Xilin, et al. Analysis on Limitation of Using Solar Fraction Ratio as Solar Hot Water System Design Index and Evaluation Index[C]. International Conference on Solar Heating and Cooling for Buildings and Industry. Beijing, 2014.

［50］陈海峰. 高校学生生活热水需求模式研究［D］. 湖南大学, 2013.

［51］陈苏. 住宅集中太阳能热水系统优化设计探讨［J］. 建筑节能, 2009, 37（220）: 51–53.

［52］邓光蔚. 使用模式对集中式系统技术适宜性评价的影响研究［D］. 北京工业大学, 2013.

［53］段梦庆, 卢军, 田志勇. 学生宿舍热水用水规律及空气源热泵热水系统设计分析［J］. 给水排水, 2012, 11: 169–172.

［54］丁小晓. 长沙地区太阳能热水系统与建筑一体化研究［D］. 长沙: 湖南大学, 2013.

［55］顾亮杰. 太阳能热水系统在住宅建筑中应用的经济效果评价及政策建议［D］. 西安建筑科技大学硕士论文. 2014.

［56］于瑞. 住宅太阳能生活热水系统现状及适宜性研究［D］. 北京建筑大学, 2015.

［57］胡润青. 民用建筑太阳能热水器强制安装政策研究［J］. 建设科技, 2008, 07: 61–63.

［58］朱纯纯, 张英, 李学伟, 王耀堂, 龙晨程. 小区单管热水供应系统的检测及应用分析［J］. 给水排水, 2008, 06: 78–81.

［59］韩世涛, 刘玉兰, 刘娟. 宁夏太阳能资源评估分析［J］. 干旱区资源与环境, 2010, 08: 131–135.

［60］贾铁鹰. 我国太阳热水系统产品与太阳热水工程国家标准综述［J］. 太阳能, 2005（4）.

［61］贾铁鹰. 太阳能热利用国家标准综述［J］. 2009 年全国太阳能热利用行业（合肥）年会论文集.

［62］Le M N, Park Y C. A study on automatic optimal operation of a pump for solar domestic hot water system［J］. Solar Energy, 2013, 98（4）: 448–457.

［63］Lin C S, Lin M L, Liou S R, et al. Development and applications of a fuzzy controller for a forced circulation solar water heater system［J］. Journal of Scientific & Industrial Research, 2010, 69（7）.

［64］王广华. 建筑热水设计秒流量计算方法的研究及应用［D］. 西安建筑科技大学，2003.

［65］邹敏华，杨静，杜宇. 蓄热水箱在住宅建筑中的应用分析［J］. 住宅产业，2013，04：68–71.

［66］刘铭. 民用建筑太阳能热利用系统节能效益分析［D］. 清华大学硕士论文，2012.

［67］刘建华，刘小芳，李旭东，马旭升. 天津市太阳能热水系统设计中保证率取值的分析［J］. 中国给水排水. 2013，29（6），33–38.

［68］苏巨诗，孙明建，王敬东，龚培雷. 住宅即时循环热水系统控制原理与应用［J］. 江苏建筑，2013，05：106–108.

［69］卢芮欣. 热泵热水系统经济环保效益分析——以高校为例［J］. 中国科技信息，2011，14：160–161+163.

［70］王广华. 建筑热水设计秒流量计算方法的研究及应用［D］. 西安建筑科技大学，2003.

［71］王珊珊，郝斌，陈希琳，彭琛. 居民生活热水需求与用能方式调查研究［J］. 给水排水，2015（11）：73–77.

［72］王永峰，马芳，刘晓丹. 节能住宅的热水供应. 建筑节能，2008，36（205）.

［73］刘振印，张燕平. 热水供应系统设计中值得注意的几个问题［J］. 给水排水，2007，S2：105–110.

［74］王贤君. 太阳能热水系统在建筑全寿命期的综合效益评价研究［D］. 西安建筑科技大学硕士论文. 2013.

［75］王晓丽. 高层建筑热水系统优化设计研究［D］. 重庆大学，2006.

［76］姚春妮，郝斌，贾春霞. 与建筑结合太阳能热水系统的标准研究. 建设科技. 2008年第18期.

［77］中国太阳能热利用产业发展研究报告. 中国农村能源行业协会太阳能热利用专业委员会，中国节能协会太阳能专业委员会，中国太阳能热利用产业联盟.

［78］张树君. 太阳能热水系统与建筑结合标准和图集. 建筑节能. 2007（9）.

［79］张磊，陈超，梁万军. 居民平均日热水用量研究与分析［J］. 给水排水，2006，32（9）：66–69.

［80］张磊. 集中太阳能热水系统关键技术研究［D］. 北京建筑大学，2013.

［81］李穆然. 望泉寺公租房太阳能热水工程案例［J］. 建设科技，2016.16，pg56–57.

［82］赵世明，高峰. 生活热水太阳能集热器面积的确定［J］. 中国给水排水，2009，25（20）：28–33.

［83］赵芳，廖胜明. 基于典型用水模式下太阳能热水系统性能分析与优化［J］. 建筑节能，2011，07：12–15.

［84］刘春霞，王琰，沈磊，许登阁，巫京京. 城市典型用户四季用水模式变化规律的确定及分析［J］. 供水技术，2015，04：49–52.

［85］周志仁，谭洪卫，王恩丞. 酒店热水用水规律与热泵热回收系统设计［J］. 建筑节能，2009，01：27–30.

［86］周欣，彭琛，王闯，燕达，江亿. 人行为标准定义及案例分析［A］. 中国建筑学会暖通空调分会、中国制冷学会空调热泵专业委员会. 全国暖通空调制冷2010年学术年会论文集

［C］. 中国建筑学会暖通空调分会、中国制冷学会空调热泵专业委员会，2010：1.

［87］N.格里高利·曼昆. 经济学原理（上、下）［M］. 北京：机械工业出版社，2003.

［88］中华人民共和国住房和城乡建设部.《可再生能源建筑应用工程评价标准》（GB/T 5080-2013）. 北京：中国建筑工业出版社，2013，99-322.

［89］GB/T 18713-2002《太阳热水系统设计安装及工程验收技术规范》.

［90］GB 50242-2002《建筑给水排水及采暖工程施工质量验收规范》.

［91］GB 50015-2009《建筑给水排水设计规范》.

［92］GB 50364-2005《民用建筑太阳能热水系统应用技术规范》.

［93］GB T 50604-2010《民用建筑太阳能热水系统评价标准》.